城市防灾的经济效应

肖龙◎著

吉林大学出版社
·长春·

图书在版编目（CIP）数据

城市防灾的经济效应 / 肖龙著. —长春 ：
吉林大学出版社，2021.6
ISBN 978-7-5692-8526-0

Ⅰ. ①城… Ⅱ. ①肖… Ⅲ. 城市－灾害防治－经济
效益－研究 Ⅳ. ①X4②F290

中国版本图书馆CIP数据核字（2021）第133908号

书　　名：城市防灾的经济效应
　　　　　CHENGSHI FANGZAI DE JINGJI XIAOYING

作　　者：肖龙 著
策划编辑：李伟华
责任编辑：李伟华
责任校对：张维波
装帧设计：中北传媒
出版发行：吉林大学出版社
社　　址：长春市人民大街4059号
邮政编码：130021
发行电话：0431-89580028/29/21
网　　址：http://www.jlup.com.cn
电子邮箱：jdcbs@jlu.edu.cn
印　　刷：北京昊鼎佳印印刷科技有限公司
开　　本：787mm×1092mm　　1/16
印　　张：13.5
字　　数：200千字
版　　次：2021年8月　第1版
印　　次：2021年8月　第1次
书　　号：ISBN 978-7-5692-8526-0
定　　价：58.00元

前　言

随着城市化进程的持续推进与社会发展水平的大幅提升，灾害带给城市的潜在风险亦在不断地增多增强。因此，面对突如其来的城市灾难，如何在较短的时间内以最快最有效的方式开展救援，将人员伤亡和财产损失降到最低，已成为当前社会普遍关注的课题。显然，城市作为人口与财富高度集中的空间理应成为防灾减灾系列灾害应对活动的重点承载者，城市防灾活动利在当代而功在千秋。在城市防灾理论研究方面，现有的城市防灾研究正日渐趋于成熟，城市防灾研究正从单一防灾阶段向综合防灾阶段过渡，研究理论体系亦日趋完善，这为本书探讨“城市防灾的经济效应”及后续学者的拓展研究奠定了坚实的理论基础。

因此，基于以上现实实践与理论拓展的需要，本书从理论与实证两个维度探讨城市这一系统的防灾活动对经济的具体影响，以期部分弥补当前城市防灾研究领域理论与实证的不足。

首先，采用文献研究法重点阐述本研究的主要背景和意义、国内外研究综述、研究目的和方法、研究路线和内容、研究创新和难点等基本内容。基于文献梳理，发现防灾建设和支出对经济存在“消耗效应”和“投资效应”两种主要影响，且具体的防灾经济效应表现形式取决于这两种效应的消长；从防灾建设和支出对经济影响的时间长短来看，则存在“短期效应”和“长期效应”两类影响。另外，可以发现已有的城市防灾研究活动与成果主要存在三处不足：第一，多侧重从单一灾害的视角探讨灾害及防灾对策，或者虽从综合视角研究多种灾害的影响，并提倡基于多类型灾害开展全面防灾活动，但从城市层面来探讨灾害与防灾措施的研究较少；第二，从自然科学以外的学科视角研究城市灾害，且提出防灾之策的研究比较缺乏；第三，细分到城市或分类考虑城市个性特征的防灾实证与评估研究不足。以上研究空白为本书具体探讨城市防灾的经济效应，并提出城市综合防灾的具体路径提供了切入点和理论基础。

其次，借助历史唯物辩证法与规范研究方法阐述本书实证研究与对策提出部分所需的指导思想。针对研究涉及的相关概念进行介绍，率先提出并界定“防灾因子”与“防灾能力”等概念。接着对研究所需的相关理论——城市灾害理论、城市经济理论等进行阐述，并归纳总结城市防灾的经济影响及形式：第一，分角度介绍城市灾害的类型，其中重点总结城市灾害的区位特征，发现不同区位的城市拥有具有特定空间特征的灾害类型。第二，总结城市灾害的自然属性、社会属性等基本属性，与灾害源种类多、灾害源传播速度快、灾害强度和广度大、灾害后果严重、人为灾害成灾机制具有偶然性等特殊属性。第三，归纳出城市灾害的两条时间发展规律，即一方面随着城市的持续发展，城市灾害类型不断地增加，特别是其中的人为灾害层出不穷；另一方面，随着城市的发展，城市灾害的影响不断地扩大，但表现为财产损失大幅度增加，生命伤亡则不断减少。第四，通过理论模型分析城市防灾对于灾损减少的经济作用，并介绍城市综合防灾所需的软硬件工具。第五，梳理城市防灾对经济可持续发展的作用。

再次，本书综合运用文献研究法、系统分析法、历史唯物辩证法归纳城市防灾相关构成部分与经济发展的关系，根据研究需要借助数理统计法与计量分析方法对变量的选取和测算、数据来源与处理等内容进行介绍和说明，进而通过构筑计量模型实证分析我国城市防灾（间接的防灾能力与直接的防灾投资）的经济效应。经过理论梳理发现：城市防灾因子、城市防灾能力、城市防灾投资同经济间存在既对立又统一的辩证关系，即一方面城市经济决定防灾因子、防灾能力、防灾投资的水平，另一方面城市防灾因子、城市防灾能力、城市防灾投资又反作用于城市经济，或表现为消耗经济水平或表现为提升经济发展的双重作用。

实证研究结果则发现和证明：第一，城市防灾能力对生产总值、人均生产总值的拉动作用在多数状态下存在阈值效应，且阈值约为0.7。第二，防灾能力对城市生产总值、城市人均生产总值存在拉动效应，且基本呈现出“级别越高拉动效应越大、东部高于中部高于西部、发达程度越高拉动效应越大”的规律。防灾能力对城市生产总值的拉动效应具体表现为直辖市＞副省级城市＞地级市省会、东部城市＞中部城市＞西部城市、发达城市＞中等发达城市＞落后城市。防灾能力对城市人均生产总值的拉动效应具体表现为副省级城市＞直辖市＞地级市省会、东部城市＞中部城市＞西部城市、发达城市＞中等发达城市＞落后城市。第三，防灾投资对直辖市经济的影响。城市地质灾害防治投资在短期内表现为对经济的消耗，长期则表现出推动经济发展的作用。城市工业污染治理投资对大多数城市经济的影响在短期和长期均存在负效应，仅上海表现出了长期的正向拉动效应。

最后，本书基于理论研究和围绕城市防灾能力这一系统指标的实证分析，提出了“城市综合防灾”这一对策，并结合国内外相关防灾成功经验对综合防灾的具体路径构成进行阐述，以提供借鉴与启示。具体来看，本书提出的城市综合防灾路径主要涉及四个软件设置与一个硬件建设，这“四软一硬”即构筑城市防灾体制，确定防灾的法律和战略地位；构建城市防灾组织，合理调配各方防灾力量；开展城市需要援助者的信息管理，有的放矢地牢抓防灾重点；加强城市公众参与防灾的力度，务实与拓展防灾基础；建设城市防灾基础设施，为防灾工作提供物质保障。

目 录

第1章 绪 论

纵观城市的兴衰史，可以发现城市灾害表现出以下两条具体的演化规律：第一，随着城市的不断发展，城市灾害类型不断地增加，特别是人为灾害层出不穷；第二，随着城市的不断发展，城市灾害的影响在扩大，但表现为财产损失增加，生命伤亡减少。特别是工业社会以来，随着现代城市规模（人口规模、用地规模、经济规模等）的持续扩张，城市潜藏的灾害发生风险和损失正在不断地膨胀。其中，相比中小城市灾害损失的有限性，大城市的受灾风险更为甚之。一旦发生灾害，大城市将受到的损失和打击是无可估量的。

本书通过将防灾因子及其构成的综合防灾能力与防灾投资作为衡量防灾的具体内容，分析城市防灾对城市经济的影响，并根据现实数据可获得性和研究需要，选取我国部分省会及以上城市作为研究样本，实证探讨我国城市防灾对经济的影响，为提出"城市综合防灾"这一城市灾害管理事业的发展路径奠定基础。

1.1 研究背景与意义

本节从现实与理论出发，对本书的研究背景进行介绍，并阐述现实与理论意义。

1.1.1 研究背景

1. 现实背景

我国是一个地域辽阔，地理、气候条件复杂的国家，在这样的自然背景情况下，我国自古以来就是一个自然灾害频发的国家。此外，随着城市化的推进与经济、社会的发展，各种人为灾害也不断地出现和升级，例如人为火灾、环境污染与交通事故等所导致的灾害。因此，在自然灾害与人为灾害的双重威胁及人口和经济的高度集中下，城市已然成为重点受灾对象。

我国城市灾害具有发生频繁、损失持续增大、人为灾害严重的特点。在灾害频发方面，我国 7 成以上的大城市集中分布在经济发达的东部地区和沿海开放地带，而事实上这些地区正是我国自然灾害的易发、频发区域。据统计，我国位于 7 级及以上地震区的城市多达 136 座。此外，由于受城市矛盾不断加剧的影响，我国城市的人为灾害亦呈现出上升趋势。在损失持续增大方面，城市作为特定区域的政治、经济、文化与教育中心，集聚了巨额的财富和大量的人口，从而进一步加大了潜在的受灾、受损风险。在人为灾害的严重性方面，主要表现为高度集中的人口和快速发展的经济提升了城市人为灾害发生的可能，例如火灾、踩踏等事件不断出现。

可见，随着我国城市化进程的推进和经济社会发展水平的大幅度提升，灾害带给城市的损失风险及程度也在不断地加大。面对突如其来的灾难，如何才能在较短的时间内以最快最有效的方式开展救援工作，从而将人身和财产损失减到最低，已成为当前社会普遍关注的问题。显然，城市作为人口与财富高度集中的空间，理应成为防灾减灾系列灾害应对活动的重点承载者。

2. 理论背景

截至当前，很多领域的学者针对城市灾害及防治进行了研究，例如自然科学学者探讨灾害的形成原因与特点，社会科学学者分析灾害的社会影响及社会学视角的防灾对策，经济学学者则研究灾害的经济属性问题与解决之策，等等。

通过梳理已有的研究文献，可以将城市灾害研究划分为两个阶段，即单一研究阶段与综合研究阶段。单一研究阶段侧重于从单一学科、单一视角或单一灾种探讨城市灾害及其防治问题；综合研究阶段则提倡从各类灾害的组合影响和防治对策出发，且强调探讨各个时期和阶段的城市灾害及其防治问题。

总的来看，现有的城市灾害与防灾对策研究已比较成熟，研究理论体系正日趋完善，为本书探讨“城市防灾的经济效应”以及后续学者的拓展研究奠定了坚实的理论基础。

1.1.2 研究意义

欧美和日本等发达国家在城市灾害、防灾、减灾等领域的研究和实践探索工作起步较早。本书探讨的防灾内容中，发达国家围绕“安全城市”的构建目标在城市防灾基础设施、防灾立法、防灾管理体系、防灾城市规划等研究与实践领域已开展了大量的工作（王薇等，2009）。

20世纪末期以来，针对城市灾害及其防范和损失减轻的研究和实践工作在我国开始逐渐得到重视，并取得了一系列的成就与成果。总的来看，截至当前，我国已取得的相关成绩主要涉及城市灾害管理体系构建、城市对抗各种灾害的能力提升，及灾损评估方法探索、城市避难空间规划等方面（王薇，2007）。这一系列的举措均是提升城市防灾能力的重要内容，其不仅可以为城市经济增长与发展提供良好的环境保障，其中的重要防灾基础设施建设更能起到带动城市投资、创造城市就业岗位、提升城市收入水平、促进城市消费的作用，从而直接或间接影响城市的经济水平。

当前，世界范围内的城市防灾研究与实践正处于从单一防灾向综合防灾转变的过渡阶段。无论是在城市综合防灾的范畴、内容深度，还是防减灾规划设计方法和程序等技术的理论研究领域，抑或是在城市综合防灾的组织建设、政策编制和审批、管理对策实施、保障体系的构建和推行等政策法规的具体实践方面，各国目前均处于探索发展阶段（陈鸿等，2013），其主要差异仅在于探索程度的不同而已。

城市防灾是城市研究领域的重要内容之一，随着城市研究重要性的日益突出，防灾事业也正不断地得到不同领域的学者与实践者的重视。当前，在城市防灾领域已形成不少的研究和实践成果，但从成果总量来看，与城市研究中其他领域的成果相比尚存在较大的差距。这种差距的出现，既受资料、数据的缺乏等客观因素的影响，更受对城市防灾研究价值认识不足的主观因素的影响（高中华和孙新，2009）。单看我国城市防灾领域的情况，仍具有很大的研究与实践探索空间，亟待更多不同领域的学者与实践者来进行更高度的关注，亦需要更多从不同视角进行观察所获得的有价值的成果，以推动城市防灾事业的纵深发展。

1.2 国内外研究综述

城市防灾的经济效应更多地表现为间接性，例如通过防灾投入和建设降低灾害发生的概率，减少可能的灾害损失，节省灾后重建费用，并通过产生的社会效应实现影响经济的结果（中野刚志，2014）。根据国际经验，每 1 美元的防减灾投入可节省灾后恢复重建费 4~7 美元。例如，1995 年以来，日本将每年财政预算的 5% 用于防灾事业，其最明显的结果是大大降低了 2011 年东日本大地震及其后引致的海啸所引起的经济损失和社会损失。然而孟加拉国却同日本相反，由于未能提供充足的资金用于防减灾，其直接结果是导致用于灾后重建的投入占据了全部发展资金的4成（联合国国际减灾战略，2011）。以美国为例，20世纪末以来，美国逐年提升防灾投入在联邦财政预算中的比重。1999年，美国划拨在防灾工程上的财政支出约4.98亿美元，平均下来每个州获得约1000万美元的联邦防灾拨款[①]。在这一举措下，美国的防灾措施在灾害发生减少与灾害损失降低方面取得了显著的成效。

1993年，美国中西部特大洪水淹没了9个州，造成120亿美元的损失，被洪水冲毁的建筑多达约2万栋。其中，艾奥瓦州不得已而从洪泛区迁出1000多幢房屋，对医院等20多个关键的公共设施实施保护。1999年美国实施一系列防灾工程之后，当洪水重现时，仅雪松瀑布（Cedar Falls）这一项防灾工程，估计就为艾奥瓦州规避了超过660万美元的灾害损失（戴维·R．戈德沙尔克和许婵，2015）。以上研究多强调防灾投入的间接经济影响，而忽视了防灾投入的直接影响。

纵观已有的研究成果与文献，可发现探讨防灾对经济的影响的研究大多是从防灾投入视角进行的，主要从"灾前建设的具备防灾功能的基础设施的投资效应"与"灾后的恢复建设项目的投资效应"两个方面考虑投资的成本与收益对经济的影响。因此，本书主要从这两个方面综述防灾对经济的影响的研究成果和文献。

1.2.1 灾前防灾投入的经济效应

政府灾前防灾投入能否有效地控制灾害损失，其作为公共投资是否会挤出一般性投资，进而通过影响消费支出与资本积累来影响经济？这一直是学界长期争论的焦点问题。Kates（2001）指出，作为守业活动的防灾投入虽无法直接形成

① 数据来源：National Emergency Management Association,2001.

物质性的社会产出，但能通过降低灾害发生概率和减少可能的资源与物化劳动毁损，实现其经济效益，且这种效益融于国民社会经济的总体效益中，表现为一种间接效应。但是，部分学者也提出了不同的观点，认为灾前防灾投入对于经济存在直接影响。Easterly 和 Rebelo（1993）认为，政府额外增加的防灾投入将挤出其他类型的投资，进而将直接减少经济收益。基于此，两位学者指出，高额的灾害预防性支出是威胁中低收入国家财政稳定的因素。因此，可以知道，灾前防灾投入对经济具有成本和投资两种属性，作为成本的防灾投入表现为消耗经济的效应，而作为投资的防灾投入可能会通过挤出其他投资，从而阻碍经济发展（小泽咏美子，2002）。当前关于防灾投入对经济的影响主要存在以下三种观点。

1. 肯定防灾投入对经济具有积极影响的观点

Clark 和 Colin（1958）、Burton 和 Kates（1993）、Alexander 和 David（1997）等学者认为，自然灾害主要通过摧毁实物资本与扭转消费支出来影响具体的经济活动，而防灾投入能减轻和规避这种消极影响，从而保障经济发展的基础，因此主张增加防灾投入；Kunreuther 和 Kleffner（1992）、Benson 和 Clay（2000）以及 Wisner（2001）等强调，政府防灾支出直接影响灾后经济生产系统的恢复程度和速度，不仅能推动实现国家安全与公共福利的目标，而且还能有效地拉动经济增长，因此建议政府应根据经济发展与资本积累的程度相应增加防灾投入；日本学者横松宗太（2017）探讨了灾害同基础设施、经济成长之间的关系，认为灾害发生会摧毁基础设施，而基础设施是推动经济成长的基础，从而基于此关系，提出防灾投入能推动基础设施恢复，进而促进经济恢复和成长。纵观这些肯定防灾投入具有积极经济影响的观点，可以发现防灾投入确实对经济具有间接或直接的影响，当然这些研究亦轻化了防灾投入的经济消耗作用。

2. 否定防灾投入对经济具有积极影响的观点

Albara（1993）指出，推动经济增长的并非防灾投入，而是灾害发生后的恢复重建工作，因为灾后恢复重建的资金流入能形成巨大的经济扩张和拉动效应；Dynan（1993）认为，人力资本与技术资源是影响经济长期稳定增长的关键因素，而防灾投入仅能保护现有资本与耐久性产品，因此，只要人力资本未遭到毁灭性破坏，经济就不会发生太大波动；Skidmore（2001）则强调，作为风险投资组合选择行为的政府防灾投入会向社会释放一种风险增加的信号，从而降低社会的整体投资意愿，进而不利于推动经济增长。另外，日本学者篠原靖（2015）基于历史研究法，探讨了旅游、产业、福利、医疗、防灾之间的关系，指出防灾投入对于经济不存在直接的积极影响，但认为防灾投入通过和旅游、产业、福利、医疗等领域间形成的小型经济循环系统可间接地推动经济发展。可见，这类学者忽视了防灾投入作为投资，直接影响就业和经济的功能，但存在一部分学者在否认防灾投入直接的、积极的经济影响的同时，承认了防灾投入通过良好的环境构建对经济存在的间接作用。

3. 不能确定防灾投入对经济具有积极影响的观点

以永松伸吾（2003）和 Karkee（2004）为代表的学者认为，防灾投入到底是积极影响经济，还是消极影响经济，不能一刀切而静止地进行定论。欠发达国家因为缺乏有效的灾害预警和管理能力，灾害对其的打击和消极影响较大，因而需要足够的防灾投入来保障国民经济积极发展的基础；而发达国家本身就拥有较完善的灾害控制管理能力和灾后经济恢复能力，增加防灾投入对其经济发展的积极作用并不一定显著，因此无需过多的增加防灾投入。

这些持不确定性观点的学者亦指出，因为灾害发生的不确定性，政府的防灾投入也具有不确定的投资收益。但是可以确定的是，适度的防灾投入既能保障经济的平稳增长，而且也能展现政府的社会管理能力，有利于通过构筑良好的社会环境和自然环境，来保障经济的可持续发展。可以知道，这些持不确定观点的学者真正看到了防灾投入对经济的消耗和促进的双重作用，因而最具全面视角与合理性。

1.2.2 灾后恢复建设投入的经济效应

本小节主要梳理和总结灾害恢复建设投入对经济的影响研究领域中的不同学术观点。

1. 恢复建设投入对经济的积极影响

灾后引起的新一轮建设投入（含防减灾目的）会形成投资收益效应，当前该种效应已成为学界探讨的热点问题之一。大量研究已证明，灾后的恢复建设所形成的投资效应在总体上对于经济增长具有推动作用。

Aghion 等（1998）在熊彼特“创造性破坏理论”的基础上，探讨了因外部事件引发的资本投入冲击对技术进步的影响，发现在社会资本投入能力不减弱的情况下，破坏性外部事件发生后的恢复重建所带来的新的社会资本投入将成为地区经济增长的动力。Skidmore 和 Toya（2002）提出，不同的自然灾害对经济具有不同的影响。基于这一理念，两位学者以地质性灾害和气候性灾害为例开展了研究，发现灾后重建在很大程度上依赖于固定资产投资，而相比气候性灾害，地质性灾害的破坏能更快地推动社会固定资产投资水平的提升，并促进经济增长。Okuyama（2003）从新古典理论的思想出发，指出资本边际收益是决定投资对经济的推动作用程度的主要因素，而当忽略资本以外的要素的产出能力的变化时，外部事件后引致的新资本投入的边际收益会提升，从而能获得新的经济增长动力。Hallegatte 和 Dumas（2009）指出，根据传统的增长模型和思想，物质资本遭到破坏后会加速存量资本更新，推动生产资本的增加，以及促进资本利用效率的提升，因此，灾害等事件可能引致事后经济的短期增长。冈部真人（2015）基于模型评价了日本防灾和恢复建设投入的经济发展效果，发现灾后防灾投入与恢复建设投入对于经济发展具有较好的推动作用，并认为增加灾后防灾投入与恢复建设投入的对策对于发展中国家同样具有适用性。

上述学者的研究与观点多侧重于承认灾后恢复建设投入的投资收益效应，而未看到其成本效应，未能全面分析和看待问题。

2. 恢复建设投入对经济的消极影响

另外一些学者对灾害过后的恢复建设投入的投资效应持怀疑态度，认为并不存在明显的灾后恢复建设投入投资收益。

Rasmussen（2004）通过统计，比较研究了受灾地在遭受自然灾害前后的实际产出情况，发现受灾地灾后的产出水平相较灾前会下降2.2%，且灾后的恢复重建工作并不能有效地促使经济在很短的时间内恢复到灾前水平。Cavallo 和 Noy（2010）基于突发事件数据库（emergency events database）研究了全球各地的自然灾害对经济的影响情况，结果发现，不管是短期还是长期，较大的自然灾害的发生对经济发展并不存在推动效应。两位学者挖掘了这一结果背后的具体原因，认为自然灾害可能破坏了受灾地的社会经济运行系统，从而动摇了持续发展的根基，所以新的政府建设投资无法带动经济的快速增长。佐佐木茂喜（2017）在东日本大地震发生5年后，检验了灾后恢复建设投入对经济的影响，发现恢复建设投入对经济的消耗作用高于收益，并指出原因在于灾害的破坏过大、居民灾后情绪消沉等社会经济因素不利于通过恢复建设推动经济发展。另一些学者基于公司、个人等微观主体进行了相关研究，亦发现灾后的恢复重建投入并不具有明显的投资效应。Leiter 等（2009）基于存量调整模型，使用双重差分方法（DID）研究了洪灾多发区域的公司资本投入情况，发现洪灾多发区域的公司资本投入一般会趋于下降，投资意愿相对洪灾较少区域要低很多，可见洪灾多发区域降低了公司的投资预期。Leiter 等学者进一步在模型中引入了实际公司生产能力的考虑，基于实际生产能力的变化结果，发现洪灾对公司绩效和经济增长确实存在消极作用。Strobl（2011）基于面板数据，研究了飓风灾害对美国沿海州县的投资水平的缩减效应，借助飓风灾害货币损失模型测算结果，并结合受灾州县的灾后恢复数据，发现飓风灾害导致受灾州县的经济增长率下滑了约 0.45 个百分点。Strobl 通过进一步分析，发现飓风灾害对美国沿海州县的消极经济影响中，28% 的影响是因富裕阶层外迁所致。严重的飓风灾损极大地打击公司的投资预期和意愿，而进一步引发富裕阶层与高素质人才的外流则将受灾州县推入发展的困境。

可以发现，这些学者的研究是在巨大灾损和破坏的前提下探讨恢复建设投入对经济的影响，而这种情况下恢复建设投入对经济发挥出作用则需要较长的时间。因此，这些研究与观点具有可取性的同时，也容易忽视灾后恢复建设投入的经济推动效应。

1.2.3 研究评述

对于灾前防灾投入对经济的影响方面持不同态度的学者，其分歧主要在于仅看到了防灾投入的一个方面的作用（望月利男，1993）。持肯定态度的学者的研究主要从防灾投入对经济的积极促进作用出发，而持否定态度的学者则仅看到了防灾投入对于经济的消耗作用。唯有持不确定性观点的学者的立场比较中立，客观地分析了防灾投入对于经济的作用和影响。在满足风险预期的约束条件和灾害总成本最小化的目标控制过程中，防灾投入应该存在最优的规模效应，适当水平的防灾投入可以有效地控制灾害风险与损失。因此，政府的最优决策行为应该是在兼顾经济发展的同时注重防灾工作，一个完整而且有效的灾害管理体系应该将有限的社会资源在一般性的固定资产投资和预防性的防灾投入之间进行合理分配，并鼓励组织、个人积极参与防灾过程（卓志等，2012）。

在灾后恢复重建投入对经济的影响方面，赞成灾后恢复重建投入能形成投资效应的学者们则认为在社会投入充分和较短的时间假定下，灾后恢复重建工作能有效地拉动受灾地经济，因为他们看到了灾后恢复重建投入对于经济产出的短期快速提升作用（荒井信幸，2016）。然而，站在反对面的学者对上述假定的可成立性进行了质疑，提出应该从总体角度和更长的时间范围来对灾后恢复重建投入的作用进行考量。这些持反对观点的学者通过研究，认为灾后恢复重建投入只是对灾害导致的损失进行了弥补，并未影响到实际产出水平和推动灾后经济增长。总的来看，灾后的恢复重建投入项目的投资收益效应并不能抵消灾害对受灾地经济发展的不利影响（何爱平等，2014）。

结合绪论部分其他内容与文献梳理内容，可以发现截至当前针对城市灾害与城市防灾的研究和实践活动，虽然已取得了大量的成果与经验，但是已有研究和实践尚存在三点不足：第一，大多侧重于从单一灾害的视角探讨灾害及防灾对策，或者虽从综合视角研究多种灾害的影响，并提倡基于多类型灾害开展全面防灾活动，但从城市层面来探讨灾害与防灾措施的研究较少，目前综合防灾研究与实践尚处在概念介绍和功能宣传的探索阶段。第二，已有研究主要集中在自然科学领域，表现出以自然科学学者探讨灾害，并主张从工学视角开展防灾工作的特点。从自然科学以外的学科视角研究城市灾害，并提出减轻城市灾害损失之策的研究比较匮乏。近期，一个较好的现象是经济学与社会学等学科的学者也开始针对城市灾害进行研究，并据此兴起了一些新的学科，如灾害经济学与灾害社会学等。但是，其研究视角仍较单一，如经济学视角大多是探讨防灾投入的投资功能对经济的影响，而忽视了防灾投入的其他功能对于经济的不同作用。第三，细分到城市或分开考虑城市个性特征的实证研究与评估研究较为缺乏。因此，本书基于以上研究的不足，从更广泛的视角分析城市系统的防灾内容对经济的影响，并借助我国省会及以上城市的数据实证探讨城市防灾对经济的影响，以期部分弥补当前城市防灾研究领域的理论与实证不足。

1.3 研究目的与方法

本节简单介绍本书的研究目的与具体会运用到的研究方法，以帮助读者更加容易地阅读本书内容。

1.3.1 研究目的

围绕城市防灾的研究与实践工作在国内外已取得丰硕的成果。国际上，联合国国际减灾战略（UNISDR）等组织每年均会发布一系列的年度与专题研究报告。除了广义的防减灾研究报告之外，各组织还会围绕不同灾害、不同城市开展研究并进行报告发布。各类报告在介绍最新防减灾方法与防减灾合作经验的同时，为不同国家、不同城市、不同文化背景和不同灾害类型的防减灾工作提供有益的指导与借鉴（李永祥，2015）。

在国内，城市防灾领域亦取得了大量有价值的研究和实践成果，其中以自然科学视角的成果诸多，从人文社科视角出发的研究成果与实践指导活动的则不足。且单看人文社科领域内的城市防灾研究与实践活动，表现为学者、实践者“各自为阵，缺乏合作”的特点，自然科学内部以及自然科学与人文社会科学之间的防灾研究学者和实践者更是如此。而事实上，自然科学内部、自然科学与人文社会科学之间，以及人文社会科学中历史学、社会学、政治学、人类学、经济学等学科之间的防灾研究与实践合作也非常重要，因此需要提倡多学科的防灾研究与实践的合作方式，特别是在决策和政策制定咨询的时候，自然科学家与人文社会科学家应通过合作发挥出各自的优势以进行取长补短，为最终的目的“城市防灾”服务。

因此，应改变城市防灾中人文社会科学家参与较少或完全缺位的研究与实践现状的需要，以及弥补人文社会科学视角的防灾研究和实践指导活动的不足成为开展本研究的目的所在。

1.3.2 研究方法

基于拟开展的研究工作与目标，在本书撰写过程中涉及的研究方法主要包括文献研究法、系统分析法、历史唯物辩证法、数量统计分析法、规范研究与实证研究相结合的方法等。具体的研究方法及其情况说明如下。

1. 文献研究法

文献研究法（literature research method）是通过搜集、鉴别、整理、梳理研究文献与研究成果，而对事实形成科学认识的研究方法。本书拟通过文献检索和阅读、归纳、整理，了解国内外关于防灾因子、防灾能力、防灾投资同经济的具体关系，以及防灾因子、防灾能力、防灾投资对经济的影响的研究现状，以此为基础形成本书的研究主题与思路。本章“国内外研究综述”部分对现有城市防灾投入同经济的关系的研究成果等进行了梳理，并在第 2 章“理论基础”中对主要理论、概念进行阐述，最后在第 3 章中总结归纳城市经济同防灾能力之间的具体理论关系，借助以上工作以说明和支撑本书的主要切入点和创新之处。

2. 系统分析法

系统分析法（system analysis method）是一种从系统思维出发，将要解决的问题作为一个系统来考虑，并通过综合分析系统构成要素以找出可行的问题解决方案的研究方法。城市灾害多种多样，且城市应对灾害的对策与手段亦复杂而丰富，灾害的自然特性和城市的现实人为特性决定了应系统地构建防灾体系。因此，本书在选择城市防灾因子时，将考虑城市灾害主要类型之间的共同属性与防灾对策的基本目的——减少灾害损失与人员伤亡。而在探讨防灾对经济的影响时，则会首先独立探讨防灾能力的构成部分“防灾因子”对经济的影响，然后考虑各因子之间的具体联系，并得出一个综合的防灾能力变量，进而基于此探讨城市防灾对经济的影响。

3. 历史唯物辩证法

历史唯物辩证法（historical materialist dialectics research method），亦称为唯物史观研究方法，是哲学中关于人类社会发展一般规律的理论研究方法，是马克思主义哲学的重要研究方法论。历史唯物辩证法是科学的社会历史观和认识、改造社会的一般方法论，其与历史唯心研究法相对。因此，基于历史唯物辩证法，本书从历史发展的视角出发，针对城市防灾同经济的关系开展研究和探讨，不仅研究城市防灾对经济的影响现状和问题，还辩证地探讨未来城市防灾同城市经济协调发展的方向。历史唯物辩证法在本书中很多地方均有体现，基本贯穿于全书之中。

4. 数量统计分析法

数理统计分析法（mathematical statistics method）是一种活用数学和统计学基本思想来分析问题的方法。本书主要结合计量经济学、数学与统计学，以及评估学的基本思想和方法，通过构建数量模型与指标体系探讨我国城市防灾对经济的主要作用，并站在经济发展的视角评价我国城市防灾系统的现实效果与不足，以为未来我国城市防灾系统的改良提供指导对策与建议。数量统计分析法主要用于本书的第 3 章和第 4 章。

5. 规范研究与实证研究相结合的方法

规范研究（normative study）主要关注“应该是什么”的问题，而实证研究（positive study）则主要关注“是什么”的问题。规范研究是政策制定的基础，是一种基于价值判断的经济分析方法；而实证研究通常是着眼于当前社会或现实，通过案例或数量分析证明某种理论或观点的正确性。

本书基于文献梳理得出研究的切入点，确定城市防灾与经济协调发展的对策建议的过程均属于规范研究的范畴；而实证研究主要是从基本逻辑和经验证据两方面进行具体检验和探讨。本书拟在第 3、4、5 章的评价和计量内容中，尝试将规范研究与实证研究进行结合，力求更深入地探讨我国城市防灾与经济的关系。

1.4 研究内容与路线

本书按照“是什么”“为什么”与“怎么办”的撰写思路与逻辑安排内容，不同章节之间表现为或并列或递进的关系。

1.4.1 研究内容

第 1 章为绪论部分，重点阐述本书撰写的主要背景和意义、国内外研究综述、研究目的和方法、研究路线和内容、研究创新和难点等内容，是整个研究的起笔章节，旨在提出本书的研究切入点，并为后文撰写工作的进行提供一个基本方向。

第 2 章为理论基础部分，首先主要针对研究将会涉及的相关概念进行界定，接着阐述所涉及的相关理论（城市灾害理论、城市经济理论等）内容，并介绍城市防灾对经济的影响及具体机制。本章是后文研究的理论基础。

第 3 章首先归纳城市防灾（防灾因子与防灾能力）同经济的理论关系，并根据研究需要对本章的变量选取和测算、数据来源与处理等内容进行介绍，旨在为“城市防灾能力的经济效应实证分析”提供理论和现实支撑。接着，基于我国 35 个省会及以上城市的具体数据检验结果，从全样本城市、分级别样本城市、分区域样本城市、分发展程度样本城市等视角，探讨不同类型城市的防灾能力对经济的实证影响。

第 4 章为全书第二个实证部分，首先解析城市防灾投资与经济之间的理论关系，然后分别构筑模型，并以城市地质灾害和城市工业污染两类灾害为具体实例，基于我国 4 个直辖市的相关数据，实证探讨地质灾害防治投资与工业污染治理投资对经济的主要影响。

第 5 章主要基于前面的研究和分析结论，有针对性地为城市防灾事业的发展与管理工作提供路径选择与经验借鉴。

1.4.2 研究路线

本研究的技术路线如图 1-1 所示。

首先，根据理论发展与现实情况的基本要求，提出研究的问题与切入点；

其次，通过文献梳理和数据收集，提出整个研究的分析框架，并确定研究目标；

再次，选取城市防灾与城市经济衡量指标，并分析两类指标间的具体理论与表征关系，确定实证分析对象；

最后，进行计量和实证分析，进一步归纳说明研究结果，并提出相应的对策建议。

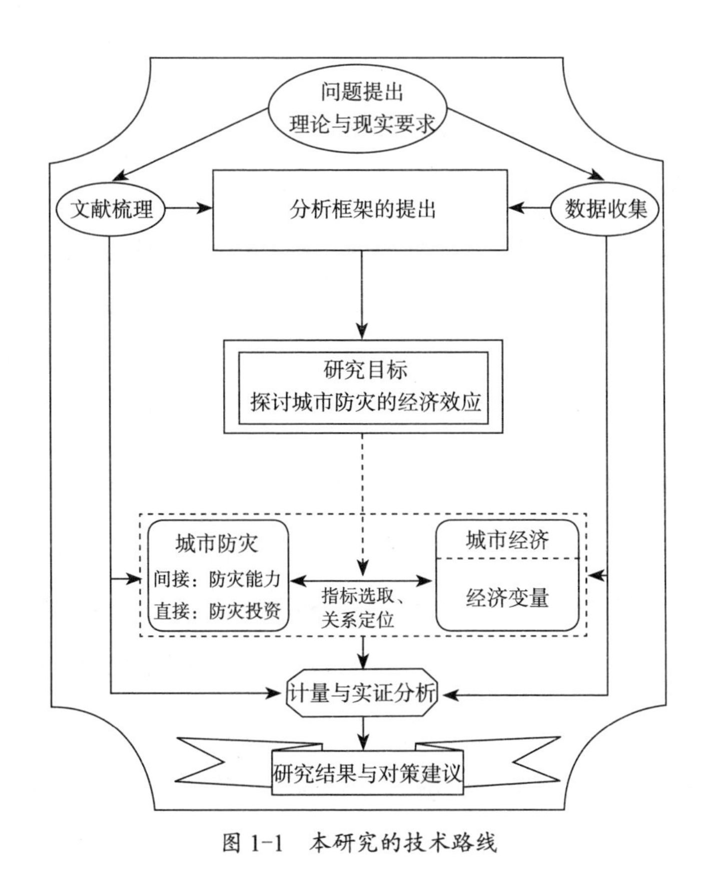

图 1-1 本研究的技术路线

图表来源：根据文章撰写需要自制。

1.5 研究创新与难点

本节从概念、方法与结论角度介绍本研究的创新之处，并就研究存在的主要难处与障碍进行简要说明。

1.5.1 研究创新

作为防灾领域探索的新阶段，城市综合防灾强调将城市考虑为一个整体系统，并从防灾硬件与软件等多视角出发，借助政治、经济、社会、法律、教育、生态与工程等各种手段，将灾害所可能带来的损失降到最低。可见，城市综合防灾为防灾学提供了新的研究视角和问题解决方法。本书继续城市综合防灾领域的研究，从理论和实证两个方面进行创新，创新之处具体涉及以下两个方面。

（1）基于理论梳理、完善和补充城市灾害，以及防灾同经济间关系的理论内容。发现城市防灾对于经济既可能是消耗品，亦可能是投资品，主要取决于城市管理与发展工作能否有效发挥出防灾投入的投资效应。并率先提出并界定“防灾因子”与“防灾能力”等概念。

（2）从经济学视角探讨城市防灾的主要内容和影响，借助数理统计与计量方法和我国省会及以上城市的相关数据，实证探讨城市防灾对经济的影响。经过研究发现以下几个创新性的结论：第一，各类样本城市情况下，防灾能力对城市生产总值、人均生产总值的拉动作用，在多数状态下存在阈值效应，且阈值约为0.7。第二，防灾能力对城市生产总值、人均生产总值存在拉动效应，且基本呈现出“级别越高拉动效应越大、东部高于中部高于西部、发达程度越高拉动效应越大”的规律。防灾能力对城市生产总值的拉动效应具体表现为直辖市＞副省级城市＞地级市省会、东部城市＞中部城市＞西部城市、发达城市＞中等发达城市＞落后城市。防灾能力对城市人均生产总值的拉动效应具体表现为副省级城市＞直辖市＞地级市省会、东部城市＞中部城市＞西部城市、发达城市＞中等发达城市＞落后城市。第三，防灾投资对直辖市的经济影响方面，总的来看，城市地质灾害防治投资在短期内表现为消耗经济的作用，长期则表现出了推动经济发展的作用。城市工业污染治理投资对大多数城市的经济的影响在短期和长期均存在负效应，仅上海表现出了长期的正向拉动效应。

1.5.2 研究难点

本研究探讨的是城市防灾对经济的影响，在一定意义上可以说是自然科学同社会科学的一次结合或交叉研究。但是因为学科与个人能力的局限，故必然会导致研究过程中存在一些困难和障碍。具体来看，本研究主要存在以下两个方面的难点：第一，由于自身经济学科的背景和防灾工学中相关内容不可数据化的基本特性，导致研究仅能更多地或模糊地考虑防灾的经济特性。第二，因为各城市统计口径的不一致，从而不能完全统计到能满足研究需要的所有城市的数据，只能选取样本城市和部分指标开展研究，因此会出现研究结果同整体水平存在差异的可能。

第2章　城市防灾经济效应研究的理论基础

本章为全书研究的理论基础部分，首先针对研究将会涉及的相关概念（城市灾害、致灾因子、城市防灾、防灾因子、防灾能力）进行界定，接着对全书所涉及的相关理论（城市灾害理论、城市防灾理论、城市经济理论、经济可持续发展理论等）进行阐述，并指出了各理论在书中的作用及运用之处。最后简要介绍城市防灾对经济的直接影响与间接影响，以及机制方式。

2.1 概念界定

本节主要梳理界定城市灾害、致灾因子、城市防灾、防灾因子与防灾能力等概念的主要内涵。

2.1.1 城市灾害

城市灾害是指因自然因素、人为因素，或者两者共同作用所引发的对城市居民生活或城市社会经济发展，造成短暂或长期不良影响的灾害与事件。这种不良影响涉及城市功能破坏与生命财产损失等方面（李吉顺，2001）。

城市灾害种类多样，根据具体内容可涉及地震、火灾、地质破坏、气象灾害、洪水、恐怖事件、环境灾害、生物灾害等；按照引发灾害的直接原因、间接原因即灾前灾后的因果连带主次关系，可分为主灾与次生灾害；而根据基本成因，则可划分为纯自然灾害、人为灾害、人为及社会灾害。

城市灾害具有经济及社会危害性、突发及高度扩张性、多样及复杂性、区域性、群发性、模糊周期性、修复难度大和恢复期长、防范难度大等特征。

城市灾害的成因主要在于：①城市是危险要素和因素高度集中的区域；②城市不断地膨胀与工业规模的扩张破坏了城市环境，导致城市生态环境恶化与灾害发生；③人口密度、区域危险度、城市功能的重要程度，以及对基础设施的依赖程度、管理能力等因素提升了城市易损性；④城市基本服务能力跟不上人口扩张，特别是外来人口的增加速度，使得城市区域的防灾工作变得更为复杂。

2.1.2 致灾因子

2001 年，约翰·特威格（John Twigg）指出没有自然灾害（natural disaster）这样的事，而只存在自然致灾因子（natural hazard），如飓风、地震和火山等（Sharma，et al，2002）。

联合国国际减灾战略（UNISDR）（2004）颁布的《术语：减轻灾害风险基本词语》对“致灾因子”进行了界定，界定自然致灾因子为“生物圈中可能性、破坏性事件发生的自然过程或现象，且人类行为能影响其形成，例如环境退化与城市化”。应《兵库行动框架 2005—2015》的要求，联合国国际减灾战略（2009）颁布了《UNISDR 减轻灾害风险术语》，并对 2004 版中关于“致灾因子”的定义进行了修订和补充，界定致灾因子为“可能带来人员伤亡、财产损失、社会和经济破坏或环境退化的，且具有潜在破坏性的物理事件、现象或人类活动”。在《多种致灾因子识别和风险评估》中，美国联邦紧急事务管理局（FEMA）则界定致灾因子为“潜在的能够造成死亡、受伤、财产破坏、基础设施破坏、农业损失、环境破坏、商业中断或其他破坏和损失的事件”（唐彦东，2011）。

从上述界定可以发现，致灾因子是自然或人类社会中，会给人类生命、财产或各种活动带来不利影响，并引致灾害发生的罕见或极端事件。致灾因子既包括暴雨、热带气旋、洪涝、风暴潮、干旱、低温、霜冻、冰雹、地震、海啸、泥石流、滑坡等自然致灾因子，也涉及技术致灾因子与人为致灾因子。

2.1.3 城市防灾

城市防灾可以被理解为防范或减少城市灾害、减轻城市灾害损失程度，以及灾后恢复重建等具体的防救灾活动和过程。狭义上的防灾主要是指灾害发生前的防范事项；而广义上，防灾的过程可分为灾前、灾中与灾后三个阶段，其中灾中的防范事项与对策对应着应急内容，所以一定程度上可以说，应急内容包含于广义的防灾内容中。

每年发生的灾害对城市造成了沉重的人员伤亡与经济财产损失。例如，2010年中国西南地区的旱灾，最终引致的经济财产损失高达1509.18亿元（汪霞，2012）。因此，作为对抗灾害的重要手段，在《城市规划基本术语标准》中，“城市防灾”被定义为抵御和减轻各类自然灾害与人为灾害，以及由此而引起的次生灾害对城市居民生命财产和各项工程设施造成危害的损失，而采取的各种预防治理措施（吴健生等，2015）。

2.1.4 防灾因子

“防灾因子”尚是一个新概念，暂未有过明确的定义界定，本书将“防灾因子”简单界定为：能预防、降低或减轻灾害对居民生活或社会经济发展造成不良影响的一切灾害防范和治理因素。

2.1.5 防灾能力

顾名思义，防灾能力就是主体预防、减轻灾害造成的损失，以及治理灾害造成不良影响的能力。防灾能力一般是由一定的防灾因子综合发挥作用而构成，例如防灾体系、防灾体制、防灾人员、防灾基础设施等防灾因子，通过互相融合、共同运转，能有效地起到预防灾害发生和减轻灾害对经济、社会、人员造成损失，以及治理灾害影响的作用。防灾能力，即通过这些因子运转所体现出来的综合体。

2.2 城市灾害理论与经济理论

本节对书中所涉及的相关理论进行阐述，灾害方面介绍灾害与防灾的具体理论内容，经济方面介绍城市经济和基于防灾的经济可持续发展理论，以为后文的展开奠定基础。

2.2.1 城市灾害理论

1. 城市灾害类型

①城市灾害按照属性划分，包括自然灾害、人为灾害、自然与人为混合灾害（王肇磊等，2012）。

城市自然灾害，是指由于自然异常变化造成的城市人员伤亡、财产损失、社会失稳、资源破坏等现象或一系列事件。城市自然灾害的形成必须具备两个条件：一是要存在自然异变的诱因，二是存在受到损害的人身、财产、资源作为承受灾害的客体。城市自然灾害具体涉及地质灾害、气象灾害、海洋灾害与水灾害等几种类型。

城市人为灾害，是由人为因素引致。具体来说，城市人为灾害主要包括公害[1]致灾（例如，环境污染导致的灾害）、建设性破坏致灾、高新技术事故致灾、住宅建筑综合症致灾、工程质量事故致灾、城市流行病致灾等（金磊，1997），也就是说，当这些事件或事故产生的影响突破一定的限度，形成人员伤亡与损失时，将升级为灾害。

城市自然与人为混合灾害，是指在自然因素与人为因素双重影响下所发生的灾害与事故。根据发生原因的差异，城市自然与人为混合灾害可以分为两种类型：一种是在自然灾害发生的前提下，因为人为失误等原因而引发的混合性灾害。例如，轻微地震、火山等突发性灾害发生时，因为信息不对称或谣言而引起的城市人员踩踏事件与事故。另一种则是因人类活动而引致自然灾害发生的混合性灾害，例如人工地震（人类在深井中进行高压注水，以及大水库蓄水后，增加了地壳的压力也会诱发地震）。

②城市灾害按照区位划分，包括地震带城市灾害、沿水域城市灾害、资源型城市灾害、工业型城市灾害、山区城市灾害。

地震带城市灾害方面。地震是城市面临的第一大地质灾害。我国位于环太平洋地震带和喜马拉雅山地震带两条全球最大地震带之间，是地震灾害频繁发生的国家。我国地震活动具有分布广、频率高、强度大、震源浅、危害大等特点。我国部分省会级及以上城市地震危险度，按照从重到轻的规则可具体排名为：石家庄、合肥、西宁、海口、长沙、南昌、杭州、乌鲁木齐、成都、郑州、南京、兰州、福州、哈尔滨、太原、西安、银川、济南、贵阳、南宁、长春、沈阳、呼和浩特、昆明、广州、武汉、天津、北京、重庆、上海（谭天，2015）。

沿水域城市灾害方面。沿水域城市主要包括沿海、沿江、沿河与沿湖等城

---

① 公害（public nuisance）指的是由于人类活动污染和破坏环境，对公众的健康、安全、生命、公私财产及生活舒适性等造成的危害。

市，我国重要的沿海城市包括港澳台和海南省地区的城市，以及湛江、珠海、深圳、北海、厦门、宁波、南通、盐城、连云港、上海、青岛、烟台、威海、天津、秦皇岛、唐山、大连等；重要的沿江城市主要包括武汉、南京、扬州、镇江、南通、苏州、上海、丹东等；重要的沿湖城市则主要包括苏州、无锡、常州、昆明等。我国的沿水域城市容易受到台风、海啸、洪涝、风暴潮、水体污染、凌汛等灾害的影响。特殊的地理条件与社会经济因素，形成了我国沿水域城市灾害发生范围广、发生频繁、突发性强、损失大的特点。

资源型城市灾害广泛分布于城镇、矿区、铁路沿线地带。矿产资源开发与隧道建设，结合复杂的地形引致了一系列开挖工程灾害，例如矿震、井巷热害、突水、突泥、煤瓦斯突出、煤层自燃、冲击地压等；资源型城市因开发容易导致地面变形灾害，例如地面裂缝、地面塌陷和地面沉降等。

工业型城市灾害方面。工业灾害是工业型城市的重要灾害之一，容易形成于工业化、城市化进程中，表现为危害人身与财产的工业危险源和安全隐患，以及由此引发的污染、爆炸、火灾、辐射、泄漏、中毒与高层建筑物坍塌等。

山区城市灾害是山区城市或拥有山地的城市的主要灾种之一，滑坡、崩塌和泥石流具有突发性强、分布范围广、隐蔽性强等特点，较容易造成巨大经济损失和人员伤亡。山区城市灾害常发生在雨季。

2. 城市灾害属性

1）城市灾害的基本属性

引致城市遭受损害的意外或反常事件为城市致灾因子。当然，自然因素与人为因素均能成为引发城市灾害的意外或反常事件。因此，城市灾害具有自然与社会双重基本属性（王茹，2004）。

第一，城市灾害的自然属性反映在多个方面。从诱因角度来看，灾害是能量和物质交换在特殊情境下的变异所产生的自然现象。这种因物理、化学变化所产生的自然现象早已存在于人类出现之前。此外，灾害作用的成因、机制、发生、过程、特征与影响范围均表现出自然特性，均可通过自然科学理论和思想来进行说明。

第二，城市灾害的社会属性也表现得多样各异。城市灾害的承灾体为城市居民和城市资产，只有城市社会遭受到反常事件的损害时才可构成灾害；城市社会是多种灾害的诱因，甚至是主导诱因，从而构成了城市灾害的社会属性；社会学的理论可以解释城市灾害影响居民与社会经济的程度，以及灾害所引致的经济社会变化的运行机制、过程与特点等内容。总的来看，灾害遇到城市，其危害程度和社会属性将成倍扩大。

2）城市灾害的特殊属性

城市灾害在具备灾害的一般属性的同时，亦拥有其自身的特殊属性。城市灾害的特殊属性主要表现在以下方面。

第一，城市灾害的源种类多。火事、气象变异、洪水、地震、地貌变异（滑坡、地陷、塌方等）、城市噪音、交通事故、工业事故、工程质量事故、人为破坏、环境污染、遗毒等，均能成为诱发城市灾害的来源。根据相关研究和报告，可以发现新的灾源正在随城市的发展而不断涌现。

第二，城市灾害源的传播速度快。因为城市的特殊性（发达的交通、量大速快的人员流动等），导致某些灾害源（例如流行性和传染性疾病）在城市的传播速度远高于非城市区域。例如，2017 年末至 2018 年初北京爆发的流感。

第三，城市灾害的强度和广度大。灾损往往同人口、经济的密集程度呈正比。相比非城市区域，密集的人口与建筑，以及发达的经济，提升了城市灾害损失的强度与广度，同等级的灾害引致了城市区域更大的损失和破坏。此外，较高的人口和经济密集度更容易在城市区域引发次生灾害，高强度的城市人类活动则更能加剧灾害强度和缩短灾害发生周期。

第四，城市灾害的后果严重。灾害发生时，城市的水电油气等生命线很容易被破坏，城市这些重要的基础设施和其他政治文化设施若遭受灾害，将导致不可估计的不良后果，对社会稳定和经济发展是极大的威胁。

第五，人为城市灾害的成灾机制具有偶然性。相较于自然灾害，人为灾害具有更加复杂的成灾机制特征，且显示出极大的偶然性。一方面，人为城市灾害基本不存在潜伏期或潜伏期较短；另一方面，人为城市灾害一般不具有复发性和周期性。

3. 城市灾害的变化规律

人类社会产生之后，城市存在于各个历史时期。根据不同的时代，城市的发展可分为原始城市、古代城市、近代城市、现代城市四个阶段。而在不同的城市发展阶段，相伴的城市灾害均表现出不同的形式与特点。总的来看，随着城市的不断发展，城市灾害呈现出种类越来越多，发生频度越来越高，危害越来越大的基本变化趋势（段华明，2010）。通过总结可知，城市灾害表现出了以下两条具体演化规律：第一，随着城市的不断发展，城市灾害类型在增加，特别是其中的人为灾害层出不穷；第二，随着城市的不断发展，城市灾害的影响在扩大，但表现为财产损失增加，生命伤亡减少的特征。

1）原始城市与灾害

处于原始形态的城市，其特点有三个：一是规模小，二是城市结构简单，三是城市功能单一。在原始城市时期，最大的城市灾害是频繁的战争，当时无须正式宣战，即可发生永无休止的战争（格兰特，1969），且战争对城市的破坏是毁灭性的。此外，洪水、火山、地震、飓风、海啸、海浸、陆沉、干旱、虫灾、瘟疫等自然灾害亦是原始城市的主要威胁。

2）古代城市与灾害

发展到封建社会时，随着生产力的进步和提升，位于内河港口和沿海区域的交通要塞附近涌现出了一大批古代商业城市。古代城市的主要特点包括：城市数量增加，规模不断扩大（马正林，1998）；城市结构变得复杂，开始讲究整体布局（张钟汝，2001）；城市功能发生变化。对古代城市威胁最大的灾害仍然是自然灾害与战争，很多城市因此而不复存在。例如，中国自古洪涝灾害频发，被洪水吞噬的中国古代城市在史书中均有大量翔实的记载。此外，噪声问题、环境污染（纪晓岚，2002）、交通事故（芒福德，2005）在古代城市中早已存在，这些均是形成人为城市灾害的重要来源。

3）近代城市与灾害

18世纪发生的工业革命推动了近代城市的出现。该时期，随着社会生产力的不断提升，大量农村人口开始向城市迁移，世界城市化进程与程度急速提高的同时，城市性质、内涵、功能均发生了根本性变化。近代城市发展的特点表现为：随着城市工业的发展，人口不断地向城市集聚；社会生产力和物质财富高度集中，城市规模空前扩大；城市职能多样化，且以经济职能为主；城市基础设施和公用事业受到重视；城市成为各种矛盾集中地。快速进步的社会生产力为城市创造了巨大财富，亦提升了城市对抗灾害的能力。但是，近代城市仍然无法完全制止灾害的攻击。在近代城市中，噪声、环境污染等人为灾源变得更加严重（科金特，2006）；许多不曾有的灾害出现了，例如工业革命后开始流行的霍乱；亲情感、归属感、认同感和安全感越发薄弱，并引发了城市犯罪等人为灾害。

4）现代城市与灾害

20世纪中后期，城市发展步入“世界城市化进程加速，且发展中国家城市化速度快于发达国家”的现代阶段。在现代城市阶段，涌现出大批现代新城市与大城市，仅百万人口以上的城市，1990 年就达 288 个，进入 21 世纪以后，数量更是翻了番；在 90 年代初期，世界范围内出现了 18 个人口过千万的超级大城市（朱铁臻，1996）。可惜的是，历经两次世界大战，很多欧洲城市被毁坏得面目全非。如今，城市化的不断推进，加大了环境污染、现代战争与恐怖活动等潜在灾源的威胁。值得指出的是，城市的发展亦同时缩小了灾害的影响。相比乡村，繁荣的城市拥有更强大的防灾物质资源与经济基础。

城市灾害相关的内容与理论，对于帮助我们明确灾害的基本性质，以及提出有针对性的防灾对策具有重要意义，是本书对策部分的重要理论基础。

4. 城市防灾

霍华德·科隆特（Howard Kunreuther）曾指出，世界范围内特别是在发达国家，个人、企业、社会组织与政府等主体均知道需要为强飓风、大洪水与大地震等大型自然灾害备好战。但是，这些主体却并未针对这些灾害做好必要的防范对策。近年来，在经历过一些灾害的破坏之后，人们逐渐转变了应对灾害的态度与行为。人们以往的焦点主要集中在灾时的紧急援助、人道主义救援与灾后的救济等方面，对于那些能大量降低人员伤亡的灾前防减灾措施基本上是被忽视的。当前，人们开始兼顾基于灾前风险管理的防灾对策与灾时灾后的救援、援助与救济。

1）城市防灾的作用

从宏观视角来看，城市防灾可发挥出保护生命，规避财产损失，以及保障正常城市社会运行秩序和稳定环境的功能。而具体的城市防灾措施则拥有更为具体、明显的作用。例如，堤坝的加高能避免沿水城市遭受洪水威胁，建筑物的加固能提升抗震能力等。从经济视角来考虑灾损的话，则可借助如图 2-1 所示的超概率曲线变化来进行说明。

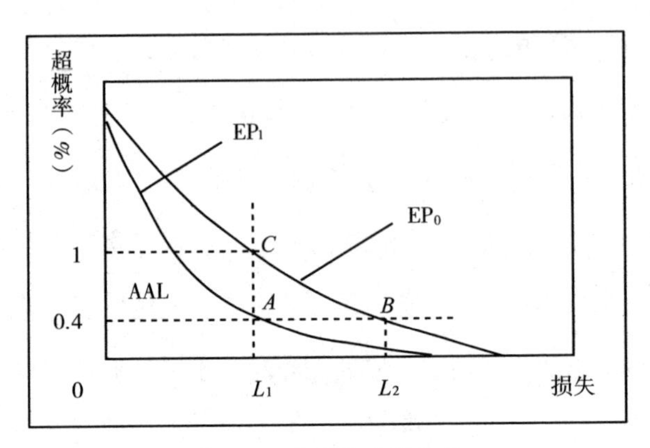

图 2-1　城市防灾的作用

图表来源：根据相关理论和思想自制。

图 2-1 中，AAL 为年平均损失，EP_0 为不采取防灾措施情况下的超概率曲线。当城市施行一定的防灾措施之后，超概率曲线向左移动到 EP_1。如图中所示，示意性地将发生百年一遇灾害的超概率表示为 0.4%，对应在不同的超概率曲线上分别为 A、B 两点，L_1、L_2 分别代表百年一遇灾害发生时所可能造成的灾损。由此可知，防灾措施缺位的情况下，灾害导致的损失额为 L_2，而实施防灾措施后，同样的百年一遇灾害导致的损失将减少到 L_1。

图 2-1 也可用于分析城市防灾措施实施前后，相同的灾害损失额对应的不同超概率情况。以灾害损失额 L_1 为例，若城市未推行防灾措施，则发生灾害的超概率为 1%；而防灾措施实施之后，则发生灾害的概率降低到了 0.4%。

2）城市防灾工具

城市防灾活动，即防灾工具与手段实施和推行的过程。具体的防灾工具与手段包括而不限于防灾项目、防灾工程、规范建筑、组织规划等。一些防灾工具与手段只能由公共部门提供，例如防潮堤、防洪堤和大型水利工程等；而另外一些防灾工具与手段则既可由公共部门提供，也可由私人部门提供，如建筑物的改造。

第一，规范建筑。在建筑物设计与建造阶段进行抗灾能力提升是有效的灾害防范举措。当前，很多国家，特别是发达国家均颁布并推行了建筑抗震设计规范，从而提升了城市建筑物本身的质量安全。

第二，致灾因子控制。致灾因子是灾害发生的根源，因此借助致灾因子的有效控制，能实现灾害风险与灾害损失的减少。例如，针对处于危险状态的建筑及设施进行加固或风险规避，可以降低高空坠物的可能性。常见的致灾因子控制手段包括防潮堤、防洪堤、防风墙、绿化带、救灾生命线（例如道路、公路）等。

第三，土地使用规划。围绕防灾目标，合理调整用地结构与布局，可以有效地防范和减轻灾害风险与损失。区位是形成自然灾害的重要因素，在灾害管理过程中针对不同区位进行灾害风险评估，结合灾害风险区划图和其他规划内容，合理合规地开展土地使用活动，能有效地实现防减灾目的。

第四，组织规划。将防灾事业整合并融入操作性较强的城市发展组织战略规划中，可以通过软件手段实现城市灾害预防与降低灾害损失。城市防灾性组织规划的制定和实施，需要充分发挥政府的作用。城市政府通过规划制定可以实现生命线等公共基础服务设施的保护，从而满足城市社会安全的需要。例如，合理的医疗组织规划与公共安全组织规划是重要的城市防灾力量。

城市防灾相关的内容与理论为本书选取防灾因子，探讨防灾对经济的影响奠定了基础。基于数据的可获得性，本书在实证部分中将主要考虑污染治理、通信、绿地、道路、医疗、保险等具有防灾功能的因素，探讨其同经济指标之间的理论与现实关系。此外，将借助这些防灾因子通过指标体系计算各城市的综合防灾能力指数值，进而探讨城市防灾能力对经济的影响。

2.2.2 城市经济理论

本小节主要从城市经济测度与基于城市防灾的经济可持续发展方面，介绍本书需要用到的城市经济理论内容。

1. 城市经济测度

衡量城市经济的收入指标包括城市经济总额和人均城市经济数额两个指标。在本书的实际测算中，采用城市的国内生产总值来衡量城市的经济水平。运用人均国内生产总值来衡量城市经济的发展水平，因为以人均指标计算的城市经济水平更能反映人民生活水平或市民福利的变化。

城市经济测度内容是本书选取衡量经济水平指标的基础。本研究将采用城市生产总值和城市人均生产总值作为衡量城市经济水平与发展的指标，并对以上指标同城市防灾构成要素之间的关系进行探讨。

2. 经济可持续发展

20 世纪 70 年代，美国著名的未来学家丹尼斯·梅多斯奋力著说，接连出版发行了《增长的极限》《走向地球的平衡》和《有限世界的动态增长》等著作，借助这一系列著作提出了“应在全球范围内维持生态与经济发展稳定，实现全球平衡发展”的具有前瞻意义的思想。1992 年，当时身为美国副总统的阿尔·戈尔出版了《濒临失衡的地球——生态与人类精神》一书，书中对因工业化和现代化所带来的热带雨林毁坏、水和空气污染、杀虫剂超量使用、水土流失、臭氧空洞、全球变暖、垃圾成堆等问题进行了阐述和反思，认为应转变当前人类同自然的不和谐的对立关系，为子孙后代思考并留出足够的后世代发展空间。而在我国，很多学者亦通过著作出版和论文发表，阐述了对经济可持续发展思想的理解，并形成了一系列具有中国特色的理论。具体的成果有《论持续工业发展》（王健民，1993）、《可持续发展战略读本》（陈耀邦，1996）、《可持续发展经济学》

（王思华，1997）、《可持续发展：人类关怀未来》（邓楠，1998），等等。

灾害经济学寻求的是灾害损失的最小化，并借此维护经济的可持续发展。因此，改善人与自然关系的防灾活动普遍被认为是经济可持续发展的重要内容之一。当然，从其他方面亦可找到经济可持续发展的路径，如开源节流、节制生活中的享乐主义、改变经济增长方式等，但防灾与防灾科技的发展又确实是其中最重要的、最基本的促进力量（郑功成，2010）。可见，在理论上，防灾是经济可持续发展的重要构成部分，研究防灾对经济的具体影响具有重要意义。

2.3 城市防灾的经济影响

城市防灾的核心在于制定与实施各类防灾措施，具体的防灾措施既包括体制制度、政策、法律法规、规划等软件内容，亦涉及各类防灾项目等硬件设施的建设（王晓灵等，2002）。其中，防灾软件对于经济主要表现为间接影响，而防灾项目等硬件则既具有直接的经济效应，同时又具有间接的经济效应。总的来看，城市防灾对经济的影响表现为间接作用大于直接作用的特征。

2.3.1 城市防灾的直接经济影响

城市防灾的直接经济影响，主要表现在防灾项目等硬件建设活动对经济的促进与消耗作用等方面。资本、劳动力与技术当前已成为推动经济发展的共识因素，而城市防灾建设项目对于经济发展具有推动投资、拉动就业和提升技术发展的作用。

1. 城市防灾的投资推动影响

当前，发达国家已将城市防灾工程与项目建设方面的投入作为一种投资，其功能主要表现在提升城市基础设施水平，保证城市经济发展基础等方面。

而具体到行业和企业，城市防灾的必要性与重要性引致出一系列新的产业，例如，污染消除产业、园林绿化业、防灾救灾服务业、防灾设备研发制造产业，等等。因此，城市防灾能推动相关产业的发展，进而直接影响经济发展。

2. 城市防灾的就业拉动影响

城市防灾能通过拉动就业，实现直接影响经济的目的。作为基础设施建设的城市防灾工程与项目，具有吸收劳动力的作用，而充分的就业水平是保障经济发展的前提。

此外，劳动力通过就业可提升收入水平，收入水平的提升可带动消费增长，而消费是促进经济增长的因素之一。

3. 城市防灾的技术提升影响

城市防灾事业可推动防灾技术发展，而很多防灾技术是可以直接应用于生产领域的。因此，城市防灾技术的提升可通过技术和知识溢出进一步推动社会生产，促进经济发展。

2.3.2 城市防灾的间接经济影响

城市防灾的间接经济影响表现在很多方面，本节列举性地从其对金融市场、保险行业、企业经营、弹性决策、重建费用等方面的影响进行说明。

1. 城市防灾对金融市场的影响

城市防灾项目的运行可以提升自然与社会环境的稳定性，降低金融风险。例如，随着城市防灾措施的不断完善，不可抗力因素引发的损失将逐渐减少，同时企业经营环境稳定性的提升可提高贷款偿付能力，从而减少银行坏账。

具体来说，稳定的自然与社会环境能保证通货膨胀率、利率、汇率的变动幅度，能实现总需求与总供给之间的平衡，从而减少市场投机者，通过维持金融市场秩序间接保障经济的顺利发展。

2. 城市防灾对保险行业的影响

城市防灾项目的实施可降低自然灾害发生的频率与强度，进而实现企业或行业等经济部门抗灾能力的提升，这对于保险行业的发展具有双重影响。

一方面，城市防灾可降低要求保险业提供的救灾保险储备金与灾害赔付金，减轻其赔偿压力；另一方面，城市防灾可降低各主体的风险压力，从而减少投保主体、降低投保水平，但不利于保险业保费的聚敛。因此，保险业的发展形势也将进一步影响经济的发展。

3. 城市防灾对企业经营的影响

灾害不仅带来巨额的直接经济损失，同时也会对作为经济发展主体的企业形成间接影响。例如，旱灾将导致农产品产量锐减，而以农产品为原料的加工企业将不得不减产，甚至停产。

城市防灾项目的实施可以维持相对稳定的自然和社会环境，可以有效保障安全的运输路线和原材料来源，有利于维持持续的生产过程。因此，城市防灾项目的实施不仅可以节省运输成本与原材料费用，同时也能减少因停产、机器重启带来的消耗。

4. 城市防灾对弹性决策的影响

城市防灾可通过推动弹性决策来减少相关的资源浪费。城市防灾的实行可提升外部环境未来的确定性程度，从而缩小弹性决策范围，进而实现资源耗费的下降。节约的资源可通过结构优化配置，推动经济发展。

5. 城市防灾可节省灾后重建费用

城市防灾不仅可以节省某些可能受灾项目的灾后重建费用，而且能推动节省的重建费用向社会再投资，从而通过资源优化配置实现投资收益的提升和经济的发展。

第3章　城市防灾能力的经济效应研究

本章主要阐述城市经济同防灾因子，及其构成的综合防灾能力之间的理论关系，并以我国35个省会及以上城市为例，实证探讨城市防灾能力对经济的具体影响。

纵观世界各国城市防灾研究的发展规律，可以发现城市经济与防灾能力之间关系的演变大体可以划分为两个阶段：第一阶段——重视经济而忽视防灾能力提升；第二阶段——重视经济与防灾能力提升的协调发展。以上两个阶段是世界范围内的主要趋势，当然也存在一些特殊情况，例如，作为灾害频发国的日本由于一直以来饱受灾害的迫害，其基本规律就表现为同时注重发展经济和防灾事业，甚至可能在发展初期更倾向于防灾的情况。

本章理论阐述部分暂不对城市经济指标进行细分阐述，仍统一于城市经济这一大概念。城市防灾能力是在具体的防灾因子作用下形成的综合指数，本章将在一套基于防灾因子的指标体系的基础上计算城市防灾能力，并用于研究其同城市经济之间的实证关系。

3.1 城市经济与防灾能力的理论关系

灾害不仅会给城市带来巨大的经济损失和人员伤亡，而且某些情况下对于城市经济的正常增长亦会产生不可补救的影响。在全球城市化进程加速发展的今天，针对灾害的防治工作已经上升为城市发展与管理的重要对象之一，已成为关乎城市社会经济发展的重要课题（王晓灵等，2002）。城市防灾的根本目的在于提升城市在灾害发生时，降低人员伤亡和经济损失的能力，即提升城市防灾能力。

灾害同城市经济之间存在必然联系，灾害的发生必定会造成城市不同程度的物质财产损失与人员伤亡，会从根本上影响城市生产力的发展和经济的发展。因此，以减少灾害损失为目的的城市防灾工作，亦必然会影响到社会发展和经济增长。以往的观点大多认为，人类防御与对抗灾害是需要付出惨重代价的，其中就涉及经济代价，也就是说，防灾需要以经济基础作为支撑。由此可见，在灾害发生会造成经济损失，且抵御灾害亦会消耗经济的情况下，防灾事业显然成了拖累经济的因素。

然而，随着社会的不断进步，防灾理念亦发生了根本性的变化。从人类防御和对抗灾害的历史进程来看，防灾措施早已跳出了简单的“水来土掩，兵来将挡”的阶段。当前，世界各国在防灾研究与实践领域，相继投入大量人力、财力和物力。特别是为抢占人类发展这块事业“高地”，发达国家更是不遗余力地进行投入，开展竞争。从其出发点进行分析，可以发现发达国家竞相投入开展防灾研究和实践，更多的是想谋求防灾背后更大的战略与经济利益，而非单纯的要减少灾损。

城市防灾能力的提升需要进行一系列的项目建设，类似于城市其他工程项目。提升城市防灾能力的项目需要进行一定的投入，且这类投入必然会形成一定的产出或收益。可见，城市防灾能力的提升同经济是息息相关的。针对城市防灾能力提升的项目的投入及相应的产出，主要表现在对经济系统的直接影响和间接影响。以城市防灾工程为例，其推动城市防灾能力的提升，对于经济系统的间接影响主要表现在：首先，防灾工程能通过保障相对稳定的自然环境，为经济发展提供有序的市场和较小的市场风险等良好的社会环境基础；其次，稳定的自然与社会环境可以提升经营决策者的未来预期，保证企业经营所需的弹性决策基础；最后，城市防灾工程通过降低灾害发生风险与概率，以及维持和谐的生态环境，可以大幅度地提升城市重建费用的节约程度，以及为城市居民提供稳定的收入保障。此外，在一定程度上，城市防灾工程的建设过程中可引发其他行业的发展需求，进而带动经济的整体增长。

具体来看，防灾能力的提升已成为当前城市发展的重要动力，提升城市防灾能力的投入不仅仅是消耗资金与经济的产品，同时亦会起到刺激和拉动城市经济增长与带动科技进步的作用。道理很简单，首先，提升城市防灾能力需要进行一系列针对灾害的理论研究，以及进行各类监测手段和设备的研发与研制活动，虽然这些工作均需一定的科研人员和经费投入，但当这类研究和研发活动不断趋于高科技化时，会带动本领域与其他相关技术的发展。例如，防灾通信技术可以带动人造卫星等监测技术的进步和发展。其次，防灾工作的开展需要一定的设施、工具、仪器设备、装备、医疗急救用品、生活用品等各类物资，以及存储这些物资需要一定的空间，因而可带动相关生产、物流企业与行业发展，进而能推动投资和增加就业，奠定经济发展的基础。再次，城市政府出于防灾目的会产生费用支出，例如，救灾动员、专业救援队伍、专项基金的建立等。灾害发生时，亦会产生一定的支出，例如，针对幸存者的医疗救治、转移安置安抚、救灾现场建设投入等。虽然这些支出大多由政府方面负担，属于公共支出范畴，但从经济视角来看，这些政府支出可被视为一类特殊消费，即政府消费，而其最终是能推动经济整体发展的。最后，在全球经济一体化和区域经济一体化的大背景中，竞争依赖于技术创新，而先进、高端、高质的防灾用品、工具、设施与设备的开发和生产，为我国在国际防灾物资采购市场的竞争中提供了一定的基础。因此，根据经济增长理论，那么城市防灾能力的提升能够保证主体发展经济的安全基础，为投资、消费、出口等经济活动保驾护航。

而且，城市防灾能力的提升同国民经济中各行各业各部门之间是相互交叉、相互渗透、相互促进的关系，防灾投入对于社会各项事业的发展均存在益处。所以，提升城市防灾能力，能够推动经济的增长和社会的发展。

3.2 城市防灾能力经济效应实证研究的变量说明

本节将具体介绍本章研究的变量选取内容，并根据需要重点阐述后文计量部分中作为解释变量的城市防灾能力这一指标的具体计算方法。

3.2.1 城市防灾能力经济效应实证研究的变量选择

本章选择变量主要考虑两个标准：一是理论标准，即根据已有理论、研究文献梳理选择研究需要的指标和变量；二是考虑我国的现实情况，筛选指标和变量，例如具体数据的可获得性。

本章拟以城市经济与防灾能力之间的关系作为研究对象。其中，变量城市经济主要被细分为城市生产总值与城市人均生产总值两个变量；城市防灾能力则由具体的城市防灾因子构成，其中城市防灾因子变量包括城市通信、城市医疗、城市污染治理、城市道路与城市绿地等（具体可参考邢大韦、张玉芳和粟晓玲，1999；殷杰、尹占娥和许世远，2009；周彪、周军学和周晓猛，2010 等研究成果的方法）。此外，针对五类城市防灾因子继续进行细分，具体每类防灾因子可分为 2 ～ 3 个更细更具体的指标。具体变量构成见表 3-1。

表 3-1　具体变量的划分与构成

一级变量	二级变量	三级变量	变量简称
城市经济	城市生产总值（亿元）	—	GDP
	城市人均生产总值（元）	—	PGDP
城市防灾能力（DPA）	城市通信	城市固定电话用户数（万户）	FTS
		城市移动电话用户数（万户）	MPU
		城市互联网用户数（万户）	IU
	城市医疗	城市医院数（家）	HOS
		城市医院床位数（个）	BED
		城市医生数（人）	DOC
	城市污染治理	城市固体废弃物综合利用率（%）	CUR
		城市污水处理厂集中处理率（%）	CTR
		城市生活垃圾无害化处理率（%）	HTR
	城市道路	城市道路面积（万平方米）	RA
		城市人均道路面积（平方米）	PRA
	城市绿地	城市绿化覆盖面积（公顷）	GCA
		城市绿化覆盖率（%）	GCR

注：DPA 为 Disaster Prevention Ability 的首字母缩写，其他变量的字母名均仅为一个代码而已，无其他特殊含义。

图表来源：根据研究需要自制。

正如表 3-1 所示，城市通信具体涉及固定电话用户数、移动电话用户数与互联网用户数；城市医疗包括医院数、医院床位数与医生数；城市污染治理具体划分为固体废弃物综合利用率、污水处理厂集中处理率与生活垃圾无害化处理率；城市道路涉及道路面积与人均道路面积；城市绿地则包括绿化覆盖面积与绿化覆盖率。

1. 城市经济与污染治理

虽然污染不会直接导致自然灾害，但容易形成人为灾害，例如城市水污染会影响居民的正常生活，从而妨碍城市经济增长。因此，污染治理是重要的城市防灾因子。

环境与经济发展作为对立统一的两个矛盾极，一方面环境提供给人类用于生存和发展的物质资料，是人类社会、经济、文化进步的基础；另一方面，人类的经济社会发展活动又反过来作用于环境，例如，破坏生态环境或通过环境治理改良生态环境状况。可见，环境与人类经济发展是相互制约、相互促进的关系，本节所探讨的城市经济与污染治理之间的关系亦是如此。

基于已有文献资料与研究成果可知，城市经济同污染治理之间存在很强的互相影响效应。经济对于推动污染治理活动具有直接决定效应，而污染治理对于经济亦存在反馈影响。而且，值得注意的是，城市经济与污染治理之间存在长期的惯性影响（滞后影响）。以城市污染治理对经济的反馈影响为例，即当年的污染治理情况不仅影响当年的经济，对之后多年的经济亦存在影响。在此借助图 3-1，对城市经济与污染治理的具体关系进行说明。

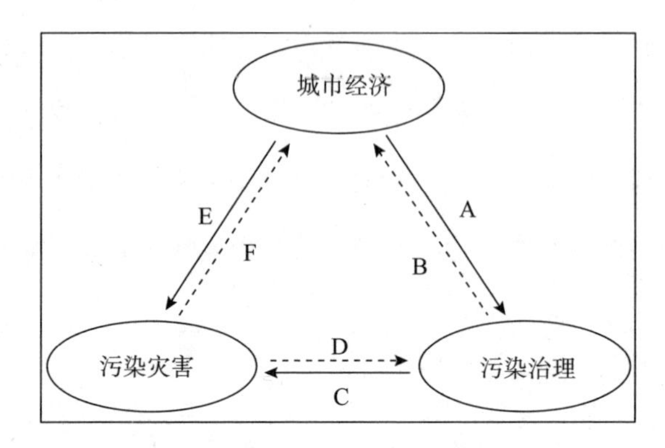

图 3-1　城市经济、污染灾害与污染治理间的相互影响关系

图表来源：根据相关理论和思想自制。

图 3-1 简单地反映了城市经济、污染灾害同污染治理之间的关系。正如图 3-1 所示，城市经济、污染灾害同污染治理既存在 A、C、E 三类直接效应，反映了城市经济对污染治理、污染治理对污染灾害、城市经济对污染灾害的直接决定影响；同时，又存在 B（污染治理对城市经济）、D（污染灾害对污染治理）、F（污染灾害对城市经济）三类反馈效应。当前，学术界倾向于研究 A、C、E 三类直接效应，而相对忽视了对 B、D、F 三类反馈效应的探讨，这种研究现状的存在引致研究结果失真的可能（张卫国等，2003）。因此，本研究在实证部分将探讨 B 类反馈效应。

考虑到本研究的出发点，在此主要阐述城市经济同污染治理之间的理论关系。从图 3-1 可知，经济是污染治理的基础，既通过直接效应决定污染治理的方式和程度，又会加重污染灾害来引发污染治理活动；污染治理是经济发展的保障，一方面污染治理需要一定的资本和劳动力，因而可通过引致投资和增加就业来直接影响经济，另一方面则可通过约束污染灾害间接地为经济发展提供必要的环境条件。

1）城市经济对污染治理的直接效应

纵观世界经济发展历程，可以发现各国特别是发达国家当经济增长到一定程度的时候，将会开始进行环境污染治理，走的是一条“先污染后治理”的发展之路。诚然，这一扭曲的发展之路是不值得提倡的，但现实就是如此，道理类同于马斯洛需求层次理论。

经济本身并不具备改善环境和减少污染的功能，环境的改善与污染的减少只能通过治理来完成（毛晖、汪莉和杨志倩，2013）。有学者通过研究探索发现，当经济增长到一定程度以后，政府将加大污染治理力度，借助一系列措施与手段实现环境质量的改善与污染问题的解决（Panayotou，1997）。针对环境库兹涅曲线（EKC）下降段的情况，Deacon（1994）指出 EKC 下降的原因并非是收入增加，而主要由政府对环境污染治理所致，但是收入增加却为环境污染治理提供了契机和可能。国内学者罗岚和邓玲（2012）通过实证研究，进一步证实经济增长为政府开展环境和污染治理工作，提供了坚实的财力保障。此外，Brock 和 Taylor（2004）在 Solow 模型的基础上加入污染排放、污染存量与污染治理等变量，探讨了经济增长同污染治理的关系，得出污染治理增长率同经济增长呈正向变化走势的结论，且环境污染状况最终会随经济增长而好转。

由此可知，对于城市来说，经济对污染治理的直接效应主要表现在资金等污染治理工作所需的要素提供方面，随着经济的不断发展，城市污染治理活动开展的基础与保障将会越强大。

2）污染治理对城市经济的反馈效应

环境污染是城市化进程中遇到的重要的社会问题，是阻碍城市经济发展的因素之一，因此，污染治理对于当前城市经济增长和社会发展具有重要意义。但是，也存在一些质疑污染治理的声音，其出发点主要在于污染治理会增加成本，从而降低收益，不利于物价的稳定和经济的增长。事实亦如此，从造成污染的生产主体角度来看，污染治理必定增加经济成本，从而会以减少产量来维持成本的稳定，如果每一个产生污染的主体均降低产量，则会影响经济增长速度。另外，成本的增加与产量的减少，还存在拉升物价的风险。以我国的化工业为例，在其生产过程中，形成的废水、废气与固体废弃物均会危害到环境和生态，若强制推行环保的生产方式，则将影响到化工企业的生产和运营或整体经济的发展。

但是，质疑污染治理的声音的存在，主要原因在于其看问题的眼光过于狭隘和短浅，仅看到了污染治理的局部成本，而未看到污染治理的整体收益，特别是污染治理的外部效应。从外部性来看，污染治理对于城市经济具有正外部效应，而不具有负外部效应。

质疑污染治理的观点主要忽视了以下两个方面。

第一，孤立地考虑单一主体情况下治污成本对物价与经济的作用，而忽视了污染治理对整体经济的正外部效应。污染治理确实会影响并改变经济增长结构，但不必然导致经济水平的下降。以位于河流上游的化工企业为例，位于上游的化工企业向河流排污，必然恶化下游渔业的生产环境。可以想象，若要求上游化工企业对污水进行处理，可能会导致其生产成本上升和产量缩减，但是下游渔业的生产环境必然会得到改善，渔业产量肯定会增加。理论上来讲，化工企业的私人边际收益为图 3-2 中的 MEB，而化工企业实施污染治理后，社会整体的边际收益将向右移动，从而提升到 MSB。

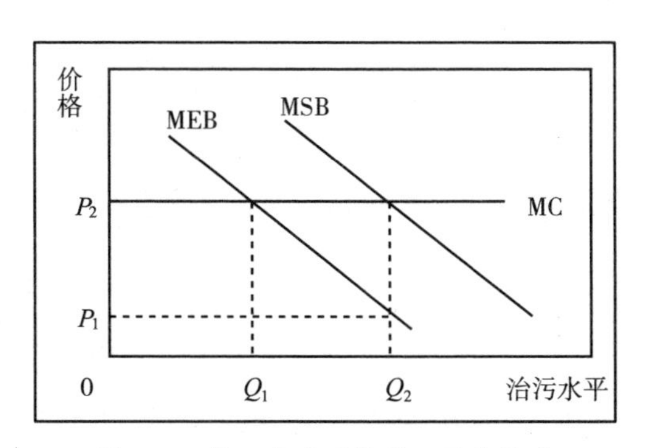

图 3-2　化工企业治污的正外部效应

图表来源：根据相关理论和思想自制。

第二，经济规模不等于福利水平。相比经济规模，社会福利水平的提升显得更为重要。虽然污染治理会导致污染主体的经济规模缩小，但不一定会降低整体社会效应。以环境为代价带来的经济增长具有巨大的负外部效应，这种负外部性会增加居民生活与其他企业的生产成本。

因此，城市污染治理并不必然导致经济水平下降与物价抬升，反而能通过防御因污染引致的可能灾害而推动经济增长，抑制因特殊事件和灾难发生导致的物价上升，从而提升城市社会的整体福利（郑新业，2015）。Andreoni 和 Levinson（1998）借助微观模型，经过研究发现不同特征（规模报酬）的环境污染处理技术会引致不同的经济增长。孙刚（2004）在已有研究的基础上，进一步探讨了环境保护对可持续发展路径的影响，发现环境污染治理存在门槛效应，即仅在环境污染治理拥有足够大的边际贡献率时，才能保证经济和社会的可持续发展。周肇光（2014）通过进一步探讨该问题，发现环境治理投入对经济的具体影响可划分为初期阻碍与后期促进两个阶段，并发现环境治理投入通过经济机制与改善环境承载力两种路径可推动经济增长。

综上可知，作为防灾因子之一的城市污染治理对经济的反馈影响主要表现为两个方面：一是污染治理会增加成本，对经济产生负效应；二是污染治理能为经济增长创造良好的环境，推动经济的可持续增长，吸引投资，创造就业机会。

2. 城市经济与通信

通信是防灾的重要因子之一，在灾害发生的关键时候，可以发挥应急通信与紧急呼救的功能，从而实现减少人员伤亡和降低灾害损失的目的。防减灾通信能力的提升离不开通信业的发展，因此，加快通信业发展不仅能提升防减灾信息化程度，而且对实现经济的长期发展亦具有重要意义（曹勇，2010）。

防灾能力的提升要求强化通信能力与发展通信事业。当前，很多应急通信研究与实践活动虽然主要以防减灾为目的，但其对于经济增长与社会发展同样具备推动作用，因为应急通信技术的进步可以推动整体通信行业和通信技术的发展，而通信行业与通信技术的发展对于经济增长和社会发展具有显著作用。

1）城市经济对通信的影响

经济对于通信的影响，主要表现在高速推动通信业和通信技术发展，和低速或以负增长速度放缓通信业和通信技术的发展脚步的双重效应方面。下面以我国的通信业发展数据为例分别介绍这两类影响。

经济对通信业与通信技术发展的积极影响方面。近年来，我国信息消费的快速增长为通信业的发展带来了前所未有的历史机遇。从 2014 年前三个季度的数据来看，我国信息消费达到 1.9 万亿元，同比增长 18%。其中，增值电信企业增速提升明显，达到 21.2%。作为信息产业发展的基础和人类社会向信息社会升华的基石，我国通信业已搭上信息消费这艘快船，并反映出我国经济增长对通信业发展的携动效应。

经济对通信业与通信技术发展的消极影响方面。以经济危机为例，2008 年的金融风暴将全球经济拖入泥沼。为了稳定经济，我国中央政府提出了“四万亿计划”，倾注于基础设施、民生改善等方向的建设。该投资在一定时期内保证了我国经济的稳定增长，但这种依靠政府投资拉动的经济增长在长时间内是不可持续的。

2）城市通信对经济的影响

高速的经济增长通过高效的管理获得，而高效的管理源自对现代信息的高度灵活掌握。城市管理者正确决策的前提是基于对信息及时、准确与真实的获取。通信业的发展及相关技术在城市管理活动中的运用，可提升相关主体获取信息（包括灾害信息）的能力，从而提高调控经济的能力。

3. 城市经济与绿地

绿地系统是城市唯一拥有生命力的基础设施，对于改善与维护城市的安全发挥着重要作用。开放宽敞的城市绿地是主要的防灾空间之一，当城市面临地震与火灾等重大灾害时，绿地空间可作为紧急避险、疏散转移和临时场所，实现灾时紧急应对的目标。因此，城市绿地是重要的防灾因子之一。

同时，作为防灾因子的城市绿地的发展与城市的发展相辅相成。绿地是城市的绿色基础设施和城市重要的生命保障系统，通常具有生态效益、社会效益和经济效益，这三类效益已成为评价城市可持续发展与居民生活质量的重要标准。

全球范围内的相关经验表明，城市绿地同经济之间存在相辅相成、相互作用的良性循环机制。一方面，绿地空间建设通过作用于城市的整体空间布局和功能区规划，而影响城市的总体经济发展格局，良性的城市绿地系统可推动环境协调可持续发展，通过提升城市的复合系统功能促进城市经济增长。另一方面，城市经济水平是决定绿地建设形式、方式、水平和质量的主要因素，是保证良好绿地系统的经济保障（李雪铭等，2002）。城市绿地与经济之间的互动机制具体参考图 3-3 所示。

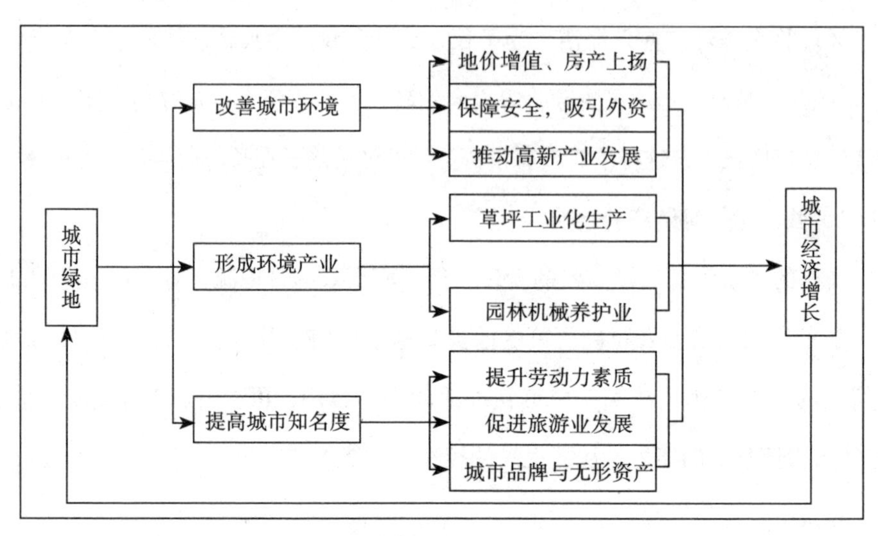

图 3-3 城市经济与绿地之间的互动机制

图表来源：根据相关理论和思想自制。

1）城市经济对绿地的影响

城市经济既对城市绿地提出了更高、更新的要求（例如要求绿地及建设需具备防减灾的功能），也为其快速提升提供了必要的物质基础。

城市经济对绿地数量的影响方面。以我国为例，自改革开放以来，截至 2014 年底，我国一直保持着 9.5% 以上的年均经济增长率水平（刘伟，2015）。城市的绿地面积与绿地覆盖率在数量上大幅度提升，1981—2014 年我国的城市总建成区绿地面积从 11 万 hm^2 增至 182 万 hm^2，建成区绿地覆盖率从 14.79% 增至 36.29%。更有学者针对城市经济增长对绿地的影响进行了实证研究，证实城市经济增长同绿地规模（吴彤等，2005）或绿地建设水平（刘鹏、董廷旭和邓小菲，2007）之间存在显著的相关性。

城市经济影响绿地质量方面。王俊帝和刘志强（2016）探讨了城市经济水平对城市绿地建设水平的影响的时空差异问题，研究了城市经济与绿地建设质量之间在时空上的内在关系，发现全国与地区等不同层面、不同空间单元内的城市经济增长对城市绿地建设水平的影响具有巨大差异。

以我国城市为例，通过总结可以归纳出，城市经济对于城市绿地具有以下影响：第一，城市经济增长促进城市绿地建设水平（既涉及量的方面，也包括质的方面）的提高。第二，从空间视角看，城市经济发展对不同地区的城市绿地建设水平的提升促进作用存在差异。第三，从时间角度看，城市经济增长对绿地建设水平的推动力表现出了“先强化后不断弱化”的趋势（王俊帝等，2016）。

2）城市绿地对经济的影响

第一，高质量、高水平的城市绿地空间推动环境优势转化为经济优势。高质量、高水平的绿地空间通过改善城市环境质量和催生环境优势，可形成城市间的差异性，可促进城市地价增值。高质量、高水平的绿地空间可吸引资金与高科技产业在区域内集聚，从而调整、优化、升级城市产业结构（苏敬勤，2001）。

第二，城市绿地建设过程中能推动新的产业萌生，推动新的经济增长极生成。世界银行公布的发展报告显示，公共设施建设同经济产业发展间存在同步共生的关系。具体来说，公共设施存量每增加一个百分点，将推动 GDP 提升一个百分点。更细地来看，城市公共服务业（包括城市绿地建设）的收益率可高达 25%（张增芳，2000）。此外，绿地城建产业产出的变化，不仅直接同城市经济总量的提升息息相关，而且还影响城市产业布局，从而借助产业链的作用影响其他产业发展（李梦白，1999）。

第三，城市绿地空间能通过推动城市知名度的提升，形成城市经济增长所需的重要的无形资产。基于城市绿地空间所形成的无形资产拥有两个重要功能，即一方面可以推动城市旅游等产业的稳定发展；另一方面，可以通过吸引国内外高素质人才聚集，为优化配置城市人力资源提供基础，保证城市经济发展所需的各类人才需求的实现（曲晓飞和姜运政，2001）。

4. 城市经济与道路

道路作为城市的主要空间之一，不仅能满足居民交通出行的需要，而且是防减灾的重要因子。城市道路作为防灾因子具备避难通道、遮断灾害蔓延、救援·输送·消防通道等功能，同时作为防灾因子的城市道路直接影响着城市经济的发展，对于城市生态、经济、社会等的发展拥有巨大影响。一方面，城市道路既是经济生活顺利运转的基础工程，也是居民日常生活不可或缺的重要构成；另一方面，经济水平则直接决定城市道路建设的规模、质量、数量与建成后所产生的效益（涉及经济、社会、生态、安全等各方面）。

城市经济与城市道路间存在密不可分、紧密相连的重要关系，两者相互促进，相互发展，相辅相成。城市道路对于经济具有直观的影响，即不发达的城市道路网制约经济增长，发达的城市道路网则能够激发城市的经济优势，进而推动城市经济增长。同时，城市经济发展也需要配套的道路交通基础设施。因此，实现城市道路交通网与经济的双发展是必要的。

1）城市经济决定道路建设

第一，城市市场经济的持续增长要求配套相应的道路交通基础设施。随着城市市场经济的发展，人才流、资金流、物流、信息流等经济发展所需的生产要素，均成为关键因素直接影响城市经济和社会的发展，而这些关键生产要素又需要以完善的道路交通网络作为流转通道。发达的道路交通运输网能加强城市内部，以及城市间经济活动、人才、资源、资金与信息流动的频度和强度，可以实现不同的市场主体之间的资源优势互补，有助于充分利用各类资源推动经济增长。因此，城市的经济发展将越来越依赖道路交通网。

第二，城市经济推动完善道路网的建设。建立先进完善的城市道路网络是交通运输业发展的趋势，也是经济增长的要求，城市道路网络的建设必须符合交通运输业发展和经济增长的需求。城市经济增长与交通运输业的发展要求具有类型多样的特点，从而对城市道路网的建设提出了各种要求，如在数量、规模、质量等方面均有不同的规定，以期在这些方面建成满足城市经济发展需要的完善的道路网。

2）城市道路影响经济发展水平

英国著名经济学家亚当·斯密提出“通过影响市场和分工，道路交通等基础设施可以发挥出推动生产力进步与经济发展的作用”的重要思想。亚当·斯密首先强调了优先发展道路交通的重要作用，但同时又补充指出，应协调发展道路交通和经济。随着现代化与城市化的不断推进，基础的道路交通环境对于经济的发展发挥着相当重要的影响，甚至道路和交通已成为国民经济提升的重要基础。对于城市，道路和交通已上升到了经济增长或发展的基础或前提条件的地位（于婧等，2010）。未来学家朱利安·西蒙指出，若经济增长或发展的关键因素只有一个，那么它一定不会是文化，也不是制度与心理特征，而是道路和交通环境（杨兆升等，1995）。

第一，发达的城市道路系统可实现资源的有效配置与使用。城市道路为经济发展提供了重要的物质基础，能有效地实现资源的合理配置和使用。城市经济的发展离不开高效、科学、合理的资源调度，随着城市交通道路网的完善，可不断地提升资源的运输与调度效率，从而促进资源的有效利用。同时，发达的城市道路交通亦能为经济信息的交流提供便利，从而提升城市资源使用的效率，推动经济的持续增长。

第二，完善的城市道路网可推动市场主体间的经济交流。高效与安全的道路交通网络可为城市内各市场主体间的频繁的经济活动、信息交流等创造条件和平台，对于城市经济增长具有重要影响。城市内部借助道路建设与完善的交通基础设施形成高效、稳定的运输体系和系统，可以推动经济活动的进行。从当前世界发展状况来看，由道路等基础设施构筑的现代交通运输系统已将各类主体联系成了一个统一的市场体系，大大提升了商品流通与信息传播的效率。反之，落后的道路与交通基础设施则势必会妨碍城市内部主体间的经济交流与合作，进而降低城市经济增速（康鲁浩，2014）。

第三，齐全的城市道路基础设施可改善投资环境。常言道，“要致富，先修路。”由此可得知，道路作为城市的重要基础设施，对于经济的增长有着重要影响。纵观现代道路网，可以看到主要交通道路沿线区域大多为经济发达之地，其经济增长速度亦明显快于交通路线落后区域。城市的基本情况亦是如此，主干道附近大多为商业发达区域，且城市的工业区亦依托于道路和交通。究其原因，可以发现随着道路交通网的不断完善，推动了运输业的发展，从而为投资提供了优良的环境和条件，促进了经济增长和发展。

5. 城市经济与医疗

医疗机构作为防灾因子之一，隶属于医疗卫生这一大系统，是城市综合防灾体系的重要一环。当灾害发生时，医疗机构可以直接发挥其救死扶伤、减轻人员伤亡的功能，从而最大限度地保障人民群众的生命财产安全，促进经济社会的稳定和和谐发展（湖南省发改委等，2017）。

长期以来，对于经济与医疗事业之间的关系的认识存在片面性，一直将医疗当作纯消费性资源来进行理解，当前的中国亦仍然如此。因此，这种片面性的认识很容易将医疗事业的发展重担一边倒地赋予政府等单位，加重财政负担，进而不利于社会和政府正确树立对待医疗事业的价值观，容易将医疗事业视为发展经济的配套措施，仅看到医疗维护社会稳定的单方面功能。其实，医疗不只是一种纯粹的消费性资源，还是一种投资性资源。一方面，医疗事业具有直接的经济投资功能，发展医疗可带动经济增长与技术进步；另一方面，医疗事业更是一种人身健康的投资，医疗通过保障人身健康可提升人体自身的创造力。同时，经济发展对于医疗事业的发展亦具有促进影响。所以，在大力发展经济的重要阶段，需端正对医疗及其相关事业的认识，正确对待医疗与经济之间的关系。

城市经济与城市医疗之间存在重要的互动关系，世界先进经验表明医疗保障制度构建的趋势是一个医疗水平同社会经济发展互动的过程，说明在互动进程中才能顺利实现社会经济与医疗的持续发展（周云，2009）。

1）城市经济对医疗的决定性影响

现代医疗的出现顺应了经济发展的需要——应对生产事故、经济风险与缓和劳资矛盾。20 世纪以来，现代医疗技术不断地在全球扩散，并在世界各国陆续得到应用，经济发展对现代医疗的影响开始从促进其产生转变为推动其发展，并在世界范围内出现了随着经济高速增长，医疗事业大幅度发展的局面。城市区域亦是如此。通过总结可知，城市经济对于医疗的影响主要表现在三个方面：推动医疗水平提升，影响医学技术和医疗服务的数量供给，决定医疗需求的满足程度。

2）城市医疗对经济的反作用

医疗作为非生产性事业，拥有消费与投资的双重属性。若只因医疗的纯消费性质，而仅看到其对于经济的消耗效应，则容易步入“医疗会拖经济增长后腿”的欠缺经济学常识的肤浅认识，因此，需要用全面的视角来看待医疗对于经济的作用。政治经济学认为劳动是社会的劳动，是各类形式的劳动相互依赖、相互补充而形成的劳动总和，所以非生产性劳动与生产性劳动缺一不可。在非生产性劳动支持缺位的情况下，仅靠生产性劳动来生产社会财富与形成商品价值是不现实的。因此，表现为非生产性特征的医疗事业，亦是现代社会经济发展不可或缺的构成部分。

第一，医疗通过维护劳动者的健康水平来影响城市经济。城市医疗能影响城市劳动力的供给数量与质量。城市医疗的根本目的在于维护城市社会成员的基本健康水平，健康是劳动者必须具备的素质之一，是其维持持续劳作的基本条件。有资料显示，加大医疗公共卫生投入与促进保健知识普及，可明显降低一些疾病的发生，并能提升人口与人力资本素质，进而可以提高人均产出的增长率，最终推动经济增长。

第二，城市医疗通过稳定社会来影响经济。城市医疗系统具有稳定社会的功能，较高的城市医疗水平能为城市经济增长提供良好的社会发展环境，从而起到促进经济增长的积极作用。

第三，城市医疗可借助其特殊性质影响经济。城市医疗本身具有基础设施的投资特性。构筑医疗系统与发展医疗技术需要进行一定的基础建设，例如场地、建筑、设备仪器等，这些基础建设的本身就是一项能拉动就业与经济的投资项目。城市医疗事业的消费性质亦是经济增长的三驾马车之一。因此，城市医疗是推动投资与刺激消费的重要动力，是带动宏观经济增长的有效路径之一。

3.2.2 城市防灾能力的测量

因为城市防灾能力变量的具体数值需要通过基于各类防灾因子进行综合计算才能间接获得，所以在此借助一小节的篇幅针对城市防灾能力的测量方法进行详细的介绍。在本章研究中，针对城市防灾能力的计算将采用灰色关联评价法进行，但考虑到本研究的研究需要和样本的特殊情况，将通过调整和改进灰色关联评价法，并基于改进后的新灰色关联评价法，来测算我国 35 个省会及以上城市的具体防灾能力指数值。

针对信息不齐全、样本较少且存在不确定性特征的系统，一般可运用灰色系统理论进行研究。灰色关联评价法是基于灰色系统理论，并以贫系统作为研究对象的评价方法。灰色关联评价法并不要求严格的、精确的评价对象，例如不服从任何分布的样本数据亦可用作评价对象（崔秀敏，2013）。可见灰色关联评价法适合本章研究样本的基本特征。灰色关联评价法的基本思想在于：首先，基于原始数据的主要特征，确定比较序列与参考序列；其次，找出比较序列和参考序列间的相关性，并通过比较求出同各比较序列相对应的综合评价系数；最后，在综合评价系数的基础上，全面评价相关对象（陈文红，2016）。

1. 灰色关联评价法的基本步骤

1）确定比较序列与参考序列

假设存在 n 个评价对象，且每一个评价对象分别拥有 p 个评价指标，第 i 个被评价对象被记为 $X_i=\{X_{i1}, X_{i2}, \cdots, X_{ip}\}$（其中 $i=1, 2, \cdots, n$），那么全部比较序列可记为：

$$X_{ij}=\begin{bmatrix} X_{11} & \cdots & X_{1n} \\ \vdots & \vdots & \vdots \\ X_{p1} & \cdots & X_{pn} \end{bmatrix} \tag{3-1}$$

接下来，基于每一个评价指标的具体内涵，通过比较法从全部比较序列中筛选、确定最优指标值，并基于最优指标值构建新的参考序列 X_{0j}。若指标为正向指标（即各指标值均为正），就将 X_{0j} 取最大值；反之，则取最小值，并将所得参考序列记为 $X_0(t)=\{X_{01}, X_{02}, \cdots, X_{0p}\}$。因此，参考序列是评价对象中较理想化的最优样本，亦是评价中的参照标准。

2）原始数据无量纲化处理

由于各指标存在不同的单位和量纲特征，从而导致无法直接对各指标进行比较。因此，需要通过无量纲化原始数据，来保持各指标间的可比性，具体的无量纲化公式为：

$$\text{当}X_{ij}<X_{0j}\text{时，取}X_{ij}=\frac{X_{ij}}{X_{0j}},\ i=1,2,\cdots,n;\ j=1,2,\cdots,p. \tag{3-2}$$

$$\text{当}X_{ij}>X_{0j}\text{时，取}X_{ij}=\frac{X_{ij}}{X_{ij}},\ i=1,2,\cdots,n;\ j=1,2,\cdots,p. \tag{3-3}$$

3）构造比较矩阵与参考矩阵

通过无量纲化处理，所有指标的数值将被转化为正值，且具体的指标值必定将介于区间［0，1］之内，这些新得到的指标值将被组建成为评价模型的比较矩阵。此时，将参考序列中的数值均设为 1，那么参考矩阵可记为$X_0=\{1,1,\cdots,1\}$。

4）计算绝对离差值

当比较矩阵与参考矩阵的构建工作完成后，将计算各比较矩阵同参考矩阵间的绝对离差序列，计算公式为：

$$\Delta_{ij}=|X_{ij}-1|,\ i=1,2,\cdots,n;\ j=1,2,\cdots,p. \tag{3-4}$$

据此，可得：

$$\Delta(\max)=\max[\max(\Delta_{ij})] \tag{3-5}$$

$$\Delta(\min)=\min[\min(\Delta_{ij})] \tag{3-6}$$

从而可求得两极最大差$\Delta(\max)$与两极最小差$\Delta(\min)$。

5）计算关联系数

各指标同最优值之间的关联系数计算公式如下：

$$\gamma_{ij}=\frac{\Delta(\min)+\rho\Delta(\max)}{\Delta_{ij}+\rho\Delta(\max)},\ i=1,2,\cdots,n;\ j=1,2,\cdots,p. \tag{3-7}$$

其中，ρ 为分辨系数，取值区间为［0, 1］，具体应用当中通常取值 0.5（申卯兴、薛西锋和张小水，2003），本研究中将沿用 ρ=0.5 这一取值。

6）计算综合评价系数

综合评价系数的计算公式为：

$$E_i = \frac{1}{n}\sum_{j=1}^{p}\gamma_{ij},\ \ j=1, 2, \cdots, p. \tag{3-8}$$

2. 灰色关联评价模型的改进

本章研究拟探讨城市经济同防灾能力之间的关系，需要在同一尺度下计算出各城市的防灾能力值，因而要求防灾能力评价指标具有普适特征，也就是说，评价模型与指标需体现出其对不同城市防灾能力综合影响的不同。因此，需要合理确定城市防灾能力评价指标的具体权重，才能保证灰色关联模型在计算所有城市的防灾能力值时的适用性。所以，本章研究借用以往学者使用过的主客观赋权法相结合的综合赋权法，其中主观赋权法的原始数据大多根据专家评分而得（借鉴已有研究结果），客观赋权法主要根据本研究数据自身的特点通过计算而得。

因为主观赋权法采用已有学者所做的权重，故在此仅介绍客观权重与综合权重的计算方法。

1）运用变异系数法确定客观权重

计算各指标的均值$\overline{X_i}$与方差 S_i^2：

$$\overline{X}_i = \frac{1}{n}\sum_{j=1}^{n}X_{ij} \tag{3-9}$$

$$S_i^2 = \frac{1}{n-1}\sum_{j=1}^{n}(X_{ij}-\overline{X})^2 \tag{3-10}$$

X_{ij} 为第 j 个评价对象在第 i 项指标上的取值。

接着，计算各指标的变异系数：

$$U_i = \frac{S_i}{X_i}\ \ , i=1, 2, \cdots, p. \tag{3-11}$$

最后，归一化处理基于各指标所计算得到的变异系数之后，即可求出各指标的客观权重，具体公式如下：

$$W_i = \frac{U_i}{\sum_{j=1}^{n} U_i}，i=1, 2, \cdots, p. \tag{3-12}$$

2）基于主客观权重确定综合权重

当确定了主客观权重之后，可按照以下公式计算综合权重：

$$W_{综}=\alpha W_{主观}+（1-\alpha）W_{客观} \tag{3-13}$$

其中，α 为加权系数，本研究采用主客观权重的均值作为综合权重，故取 α 值为 0.5。

最后，引入综合权重后，可将综合评价系数公式改进为：

$$E_{i改} = \sum_{j=1}^{p} W_j \gamma_{ij}，i=1, 2, \cdots, n; j=1, 2, \cdots, p. \tag{3-14}$$

W_j 为第 j 项指标的综合权重。

3）城市防灾能力评价模型的确定

在灰色评价模型中引入综合权重之后，就可以计算出具体的城市防灾能力值，具体的计算思路如图 3-4 所示。

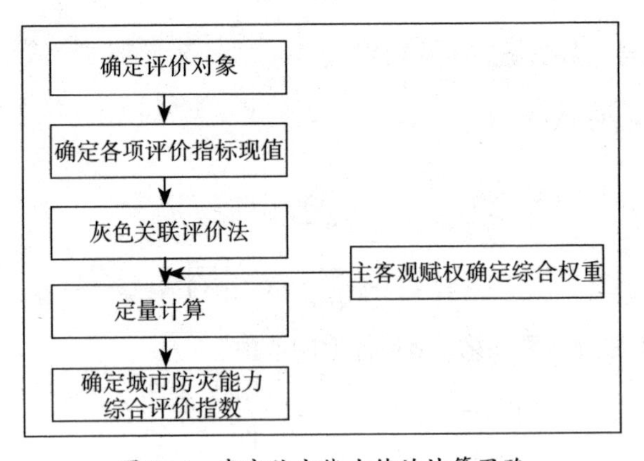

图 3-4　城市防灾能力值的计算思路

图表来源：根据相关理论和思想自制。

本研究关于城市防灾能力的计算结果及数值具体见附录 1，在此仅对具体的计算方法与思路进行说明。

3.3 城市防灾能力经济效应实证研究的数据说明

本节主要介绍本章实证所用数据的来源与处理情况，并对基本的数据描述性统计结果进行展示和说明。

3.3.1 城市防灾能力经济效应实证研究的数据来源与处理

本章选取我国 35 个省会及以上城市作为研究样本，所使用的数据主要来源于《中国城市统计年鉴》《中国城市年鉴》《中国城市发展报告》《中国统计年鉴》、各省以及各城市的统计年鉴，时间跨度为 2002—2014 年。

选取我国 35 个省会级以上城市作为样本城市的原因，主要有以下几个方面：第一，从规模来看，相比中小城市，我国的大城市、特大城市与超大城市具有较大的人口规模、经济规模与建设规模，潜在灾损风险及可能的灾害损失相对较大，因而以省会级以上城市为防灾研究对象具有更大的研究价值和意义；第二，规模更大的城市很容易出现人口膨胀、交通拥挤、住房困难、环境恶化、资源紧张等“大城市病”，而大城市病是导致潜在灾害和灾损的重要致灾因子；第三，省会及以上城市基本能满足本章的分级别、分区域、分发展程度的分类研究需求，另外选取的样本数据时间跨度较大，反映出了城市从小规模成长到大规模的特征，因而具有较好的代表性；第四，省会及以上城市存在本章实证研究选取变量所需的统计数据。因此，基于以上理由选取我国 35 个省会级以上城市作为本章研究的样本城市。

本章中将针对 35 个省会及以上城市样本进一步进行分类研究，具体按照行政级别、所在区域与发展程度三个标准进行划分。根据行政级别，可划分为 4 个直辖市、15个副省级城市和16个地级市省会。按照不同区域，可划分为16个东部城市、8个中部城市和11个西部城市（参考统计局2017年1月公布的“2016年全国房地产开发投资和销售情况”中，针对东中西城市的具体划分方法）。根据发展程度标准（采用最新的划分标准），进一步将5个一线城市（北京、天津、上海、广州、深圳）和8个二线发达城市进行合并，共计13个发达城市；11个二线中等城市则被考虑为中等发达城市；发展较弱的4个二线地级市省会（合肥、南昌、南宁、昆明）和7个三线地级市省会，共计11个城市被划入落后城市。35个样本城市及其划分结果具体见表3-2所示。

表3-2　样本城市及其分类

板块A：全样本城市（35个）		
北京、天津、上海、重庆、沈阳、大连、长春、哈尔滨、南京、杭州、宁波、厦门、济南、青岛、武汉、广州、深圳、成都、西安、石家庄、太原、呼和浩特、合肥、福州、南昌、郑州、长沙、南宁、海口、贵阳、昆明、兰州、西宁、银川、乌鲁木齐		
板块B：分级别样本城市		
直辖市（4个）	副省级城市（15个）	地级市省会（16个）
北京、天津、上海、重庆	沈阳、大连、长春、哈尔滨、南京、杭州、宁波、厦门、济南、青岛、武汉、广州、深圳、成都、西安	石家庄、太原、呼和浩特、合肥、福州、南昌、郑州、长沙、南宁、海口、贵阳、昆明、兰州、西宁、银川、乌鲁木齐
板块C：分区域样本城市		
东部城市（16个）	中部城市（8个）	西部城市（11个）
北京、天津、石家庄、沈阳、大连、上海、南京、杭州、宁波、福州、厦门、济南、青岛、广州、深圳、海口	太原、长春、哈尔滨、合肥、南昌、郑州、武汉、长沙	呼和浩特、南宁、重庆、成都、贵阳、昆明、西安、兰州、西宁、银川、乌鲁木齐
板块D：分发展程度样本城市		
发达城市（13个）	中等发达城市（11个）	落后城市（11个）
北京、天津、上海、广州、深圳、重庆、大连、南京、杭州、宁波、厦门、济南、青岛	沈阳、长春、哈尔滨、武汉、成都、西安、石家庄、太原、福州、郑州、长沙	合肥、南昌、南宁、昆明、乌鲁木齐、贵阳、海口、兰州、西宁、银川、呼和浩特

图表来源：根据研究需要自制。

因为当地政府的统计口径差异与统计工作的不到位，造成某些城市在某些年份存在统计数据缺失、数据异常等问题。针对统计数据缺失与数据异常的问题，主要采用个案剔除法与均值替换法进行处理，其中个案剔除法涉及样本的剔除与缺失数据的剔除。例如，本章研究中原本包括 36 个省会及以上城市，但因为拉萨市存在大部分年份统计数据缺位的问题，因此将拉萨市剔除出样本行列。此外，对于某些异常值亦进行剔除处理，但剔除之后会采用一定的可行方法（例如均值替换法）进行数据替换和弥补。

3.3.2 城市防灾能力经济效应实证研究的变量数据描述性分析

表 3-3 展示了本章选取的 35 个省会及以上城市样本变量数据的描述性统计情况，具体给出了均值、中位数、最大值、最小值、标准差、偏度与峰度几项指标。在此，主要说明标准差与偏度、峰度三项指标的具体情况。

表 3-3　我国 35 个省会及以上城市样本变量数据描述性统计结果

<table>
<tr><td colspan="9">板块 A：全样本下的描述性统计结果</td></tr>
<tr><td colspan="2">变量</td><td>均值</td><td>中位数</td><td>最大值</td><td>最小值</td><td>标准差</td><td>偏度</td><td>峰度</td></tr>
<tr><td colspan="2">生产总值（GDP）</td><td>3096.063</td><td>1757.237</td><td>23292.03</td><td>82.2828</td><td>3772.17</td><td>2.5777</td><td>10.3721</td></tr>
<tr><td colspan="2">人均生产总值（PGDP）</td><td>57285.08</td><td>50492</td><td>205918</td><td>8050</td><td>33322.68</td><td>1.1655</td><td>4.4751</td></tr>
<tr><td colspan="2">防灾能力指数（DPA）</td><td>0.6791</td><td>0.6655</td><td>0.9811</td><td>0.446</td><td>0.1191</td><td>0.4887</td><td>2.4999</td></tr>
<tr><td colspan="9">板块 B：分级别城市情况下的描述性统计结果</td></tr>
<tr><td>城市</td><td>变量</td><td>均值</td><td>中位数</td><td>最大值</td><td>最小值</td><td>标准差</td><td>偏度</td><td>峰度</td></tr>
<tr><td rowspan="3">直辖市</td><td>生产总值（GDP）</td><td>9146.312</td><td>7554.337</td><td>23292.03</td><td>1049.708</td><td>6329.94</td><td>0.5757</td><td>2.1917</td></tr>
<tr><td>人均生产总值（PGDP）</td><td>60126.67</td><td>55156</td><td>159935</td><td>8377</td><td>37005.79</td><td>0.9</td><td>3.7019</td></tr>
<tr><td>防灾能力指数（DPA）</td><td>0.6539</td><td>0.6562</td><td>0.9811</td><td>0.446</td><td>0.1063</td><td>0.3797</td><td>3.6131</td></tr>
</table>

续表

板块 B：分级别城市情况下的描述性统计结果								
副省级城市	生产总值（GDP）	3639.346	2820.466	16706.87	648.357	2967.875	2.0673	7.8744
	人均生产总值（PGDP）	71009.54	64317	205918	19792	34977.98	0.9567	3.915
	防灾能力指数（DPA）	0.7031	0.6844	0.965	0.4808	0.1166	0.4355	2.3117
地级市省会	生产总值（GDP）	1129.76	818.2561	4918.276	82.2828	886.6477	1.5058	5.541
	人均生产总值（PGDP）	45828.7	38900	158689	8050	26760.63	1.4978	5.7342
	防灾能力指数（DPA）	0.6597	0.6394	0.9647	0.4601	0.1167	0.6296	2.6965
板块 C：分区域城市情况下的描述性统计结果								
城市	变量	均值	中位数	最大值	最小值	标准差	偏度	峰度
东部城市	生产总值（GDP）	4811.935	3156.029	23292.03	510.1126	4710.086	1.8142	5.9586
	人均生产总值（PGDP）	71365.71	64737	205918	8377	34096.46	1.0483	4.2791
	防灾能力指数（DPA）	0.7003	0.6849	0.9811	0.4931	0.1112	0.4889	2.5602
中部城市	生产总值（GDP）	1903.336	1522.327	8104.118	312.3456	1446.776	1.8803	7.6119
	人均生产总值（PGDP）	51790.44	45802	141651	15051	26218.84	1.0274	3.9205
	防灾能力指数（DPA）	0.6766	0.6468	0.9647	0.4808	0.1202	0.7583	2.7178
西部城市	生产总值（GDP）	1586.562	999.08	11452.69	82.2828	1882.212	2.75	11.6321
	人均生产总值（PGDP）	40624.19	32722	158689	8050	24333.38	1.5999	6.7752
	防灾能力指数（DPA）	0.645	0.6146	0.9444	0.446	0.1225	0.6079	2.4836
板块 D：分发展程度城市情况下的描述性统计结果								
城市	变量	均值	中位数	最大值	最小值	标准差	偏度	峰度
发达城市	生产总值（GDP）	5642.675	3746.215	23292.03	648.357	4974.451	1.4676	4.5593
	人均生产总值（PGDP）	73685.56	67407	205918	8377	36760.91	0.8142	3.6647
	防灾能力指数（DPA）	0.6982	0.685	0.9811	0.446	0.1142	0.353	2.5979
中等发达城市	生产总值（GDP）	2237.424	1756.654	8104.118	364.8816	1607.945	1.3631	4.6098
	人均生产总值（PGDP）	52081.82	45827	150667	15051	27269.32	1.1724	4.335
	防灾能力指数（DPA）	0.6869	0.6628	0.9647	0.4808	0.1198	0.584	2.4993
落后城市	生产总值（GDP）	945.0685	716.0035	3430.764	82.2828	715.513	1.1829	3.8101
	人均生产总值（PGDP）	43105.97	35669	158689	8050	25649.49	1.4878	5.843
	防灾能力指数（DPA）	0.6489	0.6166	0.9646	0.4601	0.119	0.6587	2.5725

图表来源：根据研究需要自制。

标准差方面，除 GDP、PGDP 之外的变量的标准差数值均较小，说明这些变量的数据接近于均值，因而具有较好的稳定性。

偏度是描述某变量取值分布对称性的主要统计量，一般同正态分布进行比较。若变量数据服从正态分布的话，则基于三阶中心矩公式计算出的数据分布偏度值将等于 0。如果偏度值高于 0，则表明具有较大的正偏差数值，此时可判定样本数据的分布图为右偏或正偏，即数据分布的长尾拖在右边；如果偏度值低于 0，则说明具有较大的负偏差数值，此时可判定样本数据的分布图为左偏或负偏，即数据分布的长尾拖在左边。从表 3-3 中的具体偏度值来看，所有变量的偏度值的绝对值均接近于 0，因而可以近似视为服从正态分布。

峰度是描述某变量所有取值分布形态陡缓程度的统计量，若峰度值趋于 0，说明样本数据的分布表现出了同正态分布相同的陡缓程度；若峰度值高于 0，说明样本数据的分布图的高峰，相比正态分布更加陡峭，表现为尖顶峰；若峰度值低于 0，说明样本数据的分布图的高峰，相比正态分布更平坦，为平顶峰。从表 3-3 中的具体峰度值来看，多数变量的分布顶峰较缓和。

因此，根据描述性统计结果和分析可知，本章研究所选样本数据大多近似接近正态分布，因而具有较好的代表性与普适性，可以用于进一步的研究，实证研究结果能很好地反映现实情况。

3.4 城市防灾能力对经济的实证影响模型构建

本节主要介绍本章实证模型的确定步骤和过程，具体涉及变量数据单位根检验、变量间的协整检验、确定模型检验方法的 Hausman 检验，以及最终决定模型形式的 F 检验。

3.4.1 城市防灾能力对经济实证影响的变量单位根检验

1. 单位根检验的内涵

单位根指的是单位根过程，若序列中存在单位根过程则意味着序列是非平稳的，这种不平稳性容易导致伪回归问题的产生。单位根检验即指探讨序列中单位根存在情况的过程和方法，单位根检验是模型、变量间协整分析和因果关系检验的基础，是开展研究的第一步。涉及的单位根检验方法包括 LLC 检验、IPS 检验、ADF 检验、PP 检验、NP 检验等几种。

根据计量的一般步骤，在进行面板数据模型回归和参数估计之前，应先针对样本数据开展平稳性检验，以确定数据是平稳数据。李子奈提出，某些情况下，非平稳的时间序列之间亦会呈现出趋势一致的共同变化走势，然而实际上这些序列之间可能并不存在直接联系。这样的情况下，如果直接回归这些序列数据，很可能会得出很高的 R^2 值来表明这些序列间存在相关性，其实这只是统计学上的巧合，其结果并不具备实际意义。这种现象在计量经济学中，被称作伪回归或虚假回归（spurious regression）。因此，为规避伪回归，确保模型检验结果的有效性，有必要检验面板序列数据的平稳性（面板数据中包括时序序列），而数据平稳性的检验方面，最常用的方法是单位根检验。

2. 单位根检验的模式选择

检验单位根的具体模式包括三种类型：既有趋势又有截距的模式、仅有截距的模式、趋势与截距均不具有的模式。在选择具体模式进行单位根检验时，则可以通过对面板序列数据绘制时序图，并观察时序图中折线是否含有趋势项或截距项来进行选择。通过观察时序图（见附录 2），就可以选择确定单位根检验的具体模式。

3. 单位根检验的方法与结果

Levin 与 Lin（1993）发现，非平稳面板数据的渐进过程中，高斯分布是数据估计量的极限分布。两位学者基于此发现，提出了检验面板数据单位根的早期方法。此后，Levin 等学者（2002）对这一早期方法进一步进行改良，终于发展形成了检验面板数据单位根情况的 LLC 法，且 LLC 法主要适合中等维度特征的面板数据（即面板数据中的时间序列介于 25 ～ 250 期之间；截面数介于 10 ～ 250 个之间）。Imetal（1997）提出了检验面板数据单位根的 IPS 法，Breitung（2000）则发现 IPS 法在限定性趋势的设定方面，存在极高的敏感性，因此，改进发展出了检验面板数据单位根的 Breitung 法。检验面板数据单位根的 ADF-Fisher 和 PP-Fisher 则由 Maddala 和 Wu（1999）提出。

因此，可用于面板数据单位根检验的方法包括 LLC、Breitung、IPS、ADF-Fisher 和 PP-Fisher 五种，其中前两种为相同根下的检验法，而后三种则为不同根下的检验法。

单位根检验首先从水平序列（未进行过差分或别的变化的数据序列）开始进行检验。如果存在单位根，就检验一阶差分后的序列的单位根情况。如果一阶差分变化后，序列仍存在单位根，则在二阶差分后继续进行单位根检验，以此类推，直至序列平稳。本研究将采用上述五种面板数据单位根检验法，并分别在趋势截距模式和截距模式等不同模式下检验各变量的单位根存在情况。在检验过程中，趋势截距模式下 Breitung 方法将有效，而截距模式下 Breitung 方法将失效，且得不到检验结果（具体检验结果见表 3-4 所示）。

表 3-4　防灾能力为解释变量时的单位根检验结果

板块 A：全样本下单位根检验结果							
变量	差分阶数	LLC（*P* 值）	Breintung（*P* 值）	IPS（*P* 值）	ADF-Fisher（*P* 值）	PP-Fisher（*P* 值）	单位根存在性
生产总值（GDP）	未差分	0.002	1.0000	1.0000	0.9998	0.6651	存在
一阶	0.0000	0.76	0.0000	0.0000	0.0000	存在	
二阶	0.0000	0.0405	0.0000	0.0000	0.0000	不存在	
人均生产总值（PGDP）	未差分	1.0000	—	1.0000	1.0000	1.0000	存在
一阶	0.0000	—	0.0000	0.0000	0.0000	不存在	
防灾能力（DPA）	未差分	1.0000	—	1.0000	1.0000	1.0000	存在
一阶	0.0000	—	0.0000	0.0000	0.0000	不存在	

板块 B：分级别城市情况下单位根检验结果								
城市	变量	差分阶数	LLC（*P* 值）	Breintung（*P* 值）	IPS（*P* 值）	ADF-Fisher（*P* 值）	PP-Fisher（*P* 值）	单位根存在性
直辖市	生产总值（GDP）	未差分	0.0000	0.6829	0.0000	0.0000	0.0018	存在
		一阶	0.0000	0.0992	0.0000	0.0000	0.0000	不存在
	人均生产总值（PGDP）	未差分	0.0000	—	0.0000	0.0003	0.0792	不存在
	防灾能力（DPA）	未差分	0.0000	—	0.0000	0.0004	0.0244	不存在
副省级城市	生产总值（GDP）	未差分	0.9996	—	0.7726	0.0378	0.1311	存在
		一阶	0.0000	—	0.0000	0.0000	0.0000	不存在
	人均生产总值（PGDP）	未差分	0.0000	0.9423	0.0001	0.0011	0.0058	存在
		一阶	0.0000	0.0896	0.0000	0.0000	0.0000	不存在
	防灾能力（DPA）	未差分	0.0000	0.4111	0.0000	0.0018	0.0013	存在
		一阶	0.0000	0.0748	0.0000	0.0000	0.0000	不存在
地级市省会	生产总值（GDP）	未差分	0.8361	—	0.2631	0.0464	0.2221	存在
		一阶	0.0000	—	0.0000	0.0000	0.0000	不存在
	人均生产总值（PGDP）	未差分	0.1338	—	0.756	0.3764	0.8327	存在
		一阶	0.0000	—	0.0000	0.0000	0.0000	不存在
	防灾能力（DPA）	未差分	0.0000	0.8153	0.0000	0.0047	0.0323	存在
		一阶	0.0000	0.0666	0.0000	0.0000	0.0000	不存在

续表

板块 C：分区域城市情况下单位根检验结果								
城市	变量	差分阶数	LLC（P 值）	Breintung（P 值）	IPS（P 值）	ADF-Fisher（P 值）	PP-Fisher（P 值）	单位根存在性
东部城市	生产总值（GDP）	未差分	0.0000	—	0.0000	0.1259	0.3951	存在
		一阶	0.0000	—	0.0000	0.0000	0.0000	不存在
	人均生产总值（PGDP）	未差分	0.0028	—	0.0464	0.0238	0.1059	存在
		一阶	0.0000	—	0.0000	0.0000	0.0000	不存在
	防灾能力（DPA）	未差分	0.9996	—	0.8236	0.4131	0.2279	存在
		一阶	0.0000	—	0.0000	0.0000	0.0000	不存在
中部城市	生产总值（GDP）	未差分	0.0000	0.4539	0.0000	0.0002	0.0167	存在
		一阶	0.0000	0.002	0.0000	0.0001	0.0000	不存在
	人均生产总值（PGDP）	未差分	0.0000	0.7055	0.0000	0.0017	0.5189	存在
		一阶	0.0000	0.0396	0.0000	0.0000	0.0000	不存在
	防灾能力（DPA）	未差分	0.0000	0.0501	0.0000	0.0442	0.0601	不存在
西部城市	生产总值（GDP）	未差分	0.1526	1.0000	0.9999	0.9994	0.9939	存在
		一阶	0.0000	0.0494	0.0000	0.0001	0.0000	不存在
	人均生产总值（PGDP）	未差分	1.0000	—	1.0000	1.0000	1.0000	存在
		一阶	0.0000	—	0.0000	0.0000	0.0000	不存在
	防灾能力（DPA）	未差分	0.612	1.0000	0.9987	0.9972	0.9959	存在
		一阶	0.0000	0.001	0.0000	0.0000	0.0000	不存在
板块 D：分发展程度城市情况下单位根检验结果								
城市	变量	差分阶数	LLC（P 值）	Breintung（P 值）	IPS（P 值）	ADF-Fisher（P 值）	PP-Fisher（P 值）	单位根存在性
发达城市	生产总值（GDP）	未差分	0.0016	1.0000	0.9854	0.9085	0.1588	存在
		一阶	0.0000	0.0843	0.0011	0.0006	0.0001	不存在
	人均生产总值（PGDP）	未差分	1.0000	—	1.0000	1.0000	0.986	存在
		一阶	0.0000	—	0.0000	0.0000	0.0000	不存在
	防灾能力（DPA）	未差分	0.0771	0.8642	0.8165	0.4182	0.05	存在
		一阶	0.0000	0.0023	0.0000	0.0000	0.0000	不存在

续表

板块 D：分发展程度城市情况下单位根检验结果								
中等发达城市	生产总值（GDP）	未差分	0.1127	1.0000	0.9964	0.9753	0.4517	存在
		一阶	0.0000	0.0503	0.0152	0.0239	0.0397	不存在
	人均生产总值（PGDP）	未差分	1.0000	—	1.0000	1.0000	1.0000	存在
		一阶	0.0000	—	0.0000	0.0000	0.0000	不存在
	防灾能力（DPA）	未差分	1.0000	—	1.0000	1.0000	1.0000	存在
		一阶	0.0000	—	0.0000	0.0000	0.0000	不存在
落后城市	生产总值（GDP）	未差分	0.182	1.0000	0.9999	0.9981	0.9923	存在
		一阶	0.0000	0.0582	0.0003	0.0012	0.0006	不存在
	人均生产总值（PGDP）	未差分	1.0000	—	1.0000	1.0000	1.0000	存在
		一阶	0.0000	—	0.0000	0.0000	0.0000	不存在
	防灾能力（DPA）	未差分	0.9206	1.0000	0.9999	0.9999	0.9996	存在
		一阶	0.0000	0.0037	0.0000	0.0000	0.0000	不存在

图表来源：根据研究需要自制。

当五种方法得到的检验结果均拒绝“存在单位根”的零假设时（本研究中当 P 值小于或等于 0.1 时），则可以判断变量序列数据不存在单位根，即数据是平稳的。从表 3-4 板块 A 中的单位根检验结果可知，变量 PGDP 和 DPA 为一阶单整；而变量 GDP 为二阶单整。因此，在后文中进行回归检验时需对各变量进行序列变换[①]。例如，以 GDP 为被解释变量时，需将所有变量进行二阶差分变换，而若将 PGDP 作为被解释变量，则需对所有变量进行一阶差分变换。而在分样本情况下，多数变量表现为一阶单整，极少数变量为零阶单整（见表 3-4 中的板块 B~D），故在后文的具体回归和模型检验过程中，需根据具体情况进行变量差分处理。

① 被解释变量单整阶数高于解释变量的单整阶数时，可通过多次差分将所有变量变成同阶平稳序列，进而进行协整检验与回归分析。被解释变量单整阶数不高于解释变量单整阶数时，则可直接进行协整检验。

3.4.2 城市防灾能力对经济实证影响的变量协整检验

1. 协整检验的内涵

格兰杰（Granger）于 1987 年提出协整检验方法，用于分析非平稳经济变量间的数量关系，该方法通过线性误差修正模型（ECM）刻画出经济变量间的线性调整机制，即线性协整检验方法。此后，鉴于传统线性协整检验不再适用于新的交易成本与政策反应分析，鲍克（Balk）与佛比（Fomby）于 1997 年提出了能刻画经济变量间的非线性调整机制的扩展协整方法。因此，协整检验是考察变量间是否存在长期均衡关系情况的计量方法。

2. 协整检验的要求

一般情况下，协整检验需要变量为同阶单整。具体涉及以下几个方面的要求：第一，存在两个或以上变量的情况下，才可以进行协整检验；第二，解释变量的单整阶数必须大于或等于被解释变量的单整阶数；第三，当存在两个或以上的解释变量时，各解释变量需具备相同的单整阶数；第四，在只存在一个被解释变量和一个解释变量的情况下，要求两者具有相同的单整阶数。此外，若被解释变量与解释变量单整阶数不一致时，可通过多次差分变成同阶平稳序列后，进行协整检验和回归分析。

3. 协整检验结果

鉴于本章研究面板数据的特征，在 EViews 中只能使用 Kao 检验进行变量协整检验。“Kao 检验”是 Kao 与 Chiang（2000）基于当时被广泛使用的 DF 和 ADF 检验，而发展形成的面板数据协整检验方法。表 3-5 展示了本章研究不同样本情况下，3 个被解释变量同城市防灾能力变量之间协整关系的存在情况。本章研究设定当 P 值小于或等于 0.1 时，拒绝“变量间不存在协整关系”的零假设，从而判断各变量间协整关系的存在情况。

表 3-5　防灾能力为解释变量时的协整检验结果

解释变量：防灾能力（DPA）					
板块 A：全样本下的协整关系检验结果					
被解释变量	全部变量差分阶数	*t* 值	*P* 值		协整关系存在性
生产总值（GDP）	二阶差分	1.5526	0.0603		存在
人均生产总值（PGDP）	一阶差分	1.4909	0.0684		存在
板块 B：分级别城市样本下的协整关系检验结果					
被解释变量	全部变量差分阶数	城市类型	*t* 值	*P* 值	协整关系存在性
生产总值（GDP）	一阶差分	直辖市	-1.5181	0.0652	存在
	一阶差分	副省级城市	1.9476	0.0257	存在
	一阶差分	地级市省会	-1.5225	0.0637	存在
人均生产总值（PGDP）	未差分	直辖市	-1.3166	0.0823	存在
	一阶差分	副省级城市	1.4723	0.0712	存在
	一阶差分	地级市省会	1.2524	0.0975	存在
板块 C：分区域城市样本下的协整关系检验结果					
被解释变量	全部变量差分阶数	城市类型	*t* 值	*P* 值	协整关系存在性
生产总值（GDP）	一阶差分	东部城市	1.3681	0.08164	存在
	一阶差分	中部城市	-1.3111	0.0869	存在
	一阶差分	西部城市	2.0897	0.0183	存在
人均生产总值（PGDP）	一阶差分	东部城市	-1.7018	0.0414	存在
	一阶差分	中部城市	1.9442	0.0263	存在
	一阶差分	西部城市	1.6754	0.0497	存在
板块 D：分发展程度城市样本下的协整关系检验结果					
被解释变量	全部变量差分阶数	城市类型	*t* 值	*P* 值	协整关系存在性
生产总值（GDP）	一阶差分	发达城市	1.737	0.0376	存在
	一阶差分	中等发达城市	1.247	0.0982	存在
	一阶差分	落后城市	-1.357	0.0832	存在
人均生产总值（PGDP）	一阶差分	发达城市	-1.761	0.033	存在
	一阶差分	中等发达城市	1.6077	0.0517	存在
	一阶差分	落后城市	1.235	0.1	存在

图表来源：根据研究需要自制。

从表 3-5 可知，作为被解释变量的三个城市经济变量同作为解释变量的城市防灾能力之间存在协整关系。

3.4.3 城市防灾能力对经济实证影响的模型确定

面板数据通过协整检验后，可以说明序列变量之间存在稳定的、长期的相关关系，且模型通过回归所得到的残差应该是平稳的。因此，在单位根检验和协整检验的基础上，可对同阶差分变量进行回归，此时所得的结果较为准确。

1. 模型影响形式确定

面板数据模型通常具有两种可选择的影响形式：①固定效应模型（Fixed Effects Regression Model），如果针对不同的截面或时间序列，回归模型存在不同的截距，则可将虚拟变量引入模型进行回归和参数估计；②随机效应模型（Random Effects Regression Model），若固定效应模型中的截距项包含了截面随机误差项与时间随机误差项的平均效应，且两类随机误差项均服从正态分布时，则固定效应模型将转变为随机效应模型。

使用 Hausman 检验确定模型影响形式，回归暂用普通最小二乘法进行。本章研究中若设定 Hausman 检验结果中的 P 值大于 0.1，则应接受“随机影响模型中个体影响与解释变量不相关”的零假设，从而将模型设定为随机模型，否则设定为固定效应模型。具体的 Hausman 检验结果见表 3-6 所示。

表 3-6 防灾能力为解释变量时的 Hausman 检验结果

板块 A：全样本下的 Hausman 检验结果

被解释变量	全部变量差分阶数	统计量（W）	P 值	模型影响形式
生产总值（GDP）	二阶差分	0.9763	0.3231	随机效应
人均生产总值（PGDP）	一阶差分	13.2056	0.0003	固定效应

板块 B：分级别城市样本下的 Hausman 检验结果

被解释变量	全部变量差分阶数	城市类型	统计量（W）	P 值	模型影响形式
生产总值（GDP）	一阶差分	直辖市	4.0054	0.0454	固定效应
	一阶差分	副省级城市	0.1343	0.714	随机效应
	一阶差分	地级市省会	0.3783	0.5385	随机效应
人均生产总值（PGDP）	未差分	直辖市	10.6066	0.0011	固定效应
	一阶差分	副省级城市	3.0564	0.0804	固定效应
	一阶差分	地级市省会	0.7738	0.379	随机效应
	未差分	地级市省会	0.01	0.9204	随机效应

板块 C：分区域城市样本下的 Hausman 检验结果

被解释变量	全部变量差分阶数	城市类型	统计量（W）	P 值	模型影响形式
生产总值（GDP）	一阶差分	东部城市	0.2001	0.6546	随机效应
	一阶差分	中部城市	0.6672	0.414	随机效应
	一阶差分	西部城市	0.7949	0.3726	随机效应
人均生产总值（PGDP）	一阶差分	东部城市	2.3854	0.1225	随机效应
	一阶差分	中部城市	1.5327	0.2157	随机效应
	一阶差分	西部城市	0.0871	0.7679	随机效应

板块 D：分发展程度城市样本下的 Hausman 检验结果

被解释变量	全部变量差分阶数	城市类型	统计量（W）	P 值	模型影响形式
生产总值（GDP）	一阶差分	发达城市	1.4856	0.2229	随机效应
	一阶差分	中等发达城市	0.0048	0.9464	随机效应
	一阶差分	落后城市	0.8796	0.3483	随机效应
人均生产总值（PGDP）	一阶差分	发达城市	4.0037	0.0454	固定效应
	一阶差分	中等发达城市	1.1177	0.2904	随机效应
	一阶差分	落后城市	0.0676	0.7948	随机效应

注：P 值大于 0.1 时，接受原假设，应建立随机效应模型。反之，应建立固定效应模型。

图表来源：根据研究需要自制。

选择固定效应模型，则使用虚拟变量最小二乘法（LSDV）进行估计；选择随机效应模型，则使用广义最小二乘法（FGLS）进行估计（Greene，2000）。这些方法可以最大可能地利用面板数据的优点减少估计误差。

2. 模型形式确定

面板模型主要包括三种形式，即变参数模型（$y_i=\alpha_i+x_i\beta_i+u_i$）；变截距模型（$y_i=m+\alpha_i^*+x_i\beta+u_i$）；不变参数模型（$y_i=\alpha+x_i\beta+u_i$）。根据 F 检验可确定以上三种形式中的一种可作为研究所需的模型形式。

确定模型形式的判定规则是，首先，设定两个原假设① H_1：$\beta_1=\beta_2=\cdots=\beta_n$；② H_2：$\alpha_1=\alpha_2=\cdots=\alpha_n$ 和 $\beta_1=\beta_2=\cdots=\beta_n$。其次，若 F 检验接受假设 H_2，则选择不变参数模型，检验结束。再次，若拒绝假设 H_2，则检验假设 H_1，此时，若接受 H_1，则确定模型为变截距模型，若拒绝 H_1，则确定模型为变参数模型。

具体的，首先运用最小二乘回归，得到三类模型的残差平方和 S_1、S_2、S_3，与各自的自由度 $n(t-k-1)$、$(t-1)-k$、$nt-(k-1)$ 值（其中 n 为截面数，k 为解释变量数，T 为时序期数）。接着，界定 F_1 和 F_2：

$$F_1=\frac{(S_3-S_1)/[(n-1)(k+1)]}{S_1/[(nt-n)(k+1)]}\sim F[(n-1)(k+1),n(t-k-1)] \quad (3-15)$$

$$F_2=\frac{(S_2-S_1)/[(n-1)k]}{S_1/[nt-n(k+1)]}\sim F[(n-1)k,n(t-k-1)] \quad (3-16)$$

回归获得 S_1、S_2、S_3 的值后，手工计算 F_1 和 F_2，并查找临界值进行模型形式判断。若 F_2 大于临界值 $F\alpha_2$，则拒绝假设 H_2；若 F_1 大于临界值 $F\alpha_1$，则拒绝假设 H_1（本研究中，界定 $\alpha=0.1$）。

表 3-7　防灾能力为解释变量时的 F 检验结果

<table>
<tr><td colspan="6">板块 A：全样本下的 F 检验结果</td></tr>
<tr><td>被解释变量</td><td>全部变量差分阶数</td><td>H_1</td><td colspan="2">H_2</td><td>模型形式</td></tr>
<tr><td>生产总值（GDP）</td><td>二阶差分</td><td>接受</td><td colspan="2">拒绝</td><td>变截距模型</td></tr>
<tr><td>人均生产总值（PGDP）</td><td>一阶差分</td><td>接受</td><td colspan="2">拒绝</td><td>变截距模型</td></tr>
<tr><td colspan="6">板块 B：分级别城市样本下的 F 检验结果</td></tr>
<tr><td>被解释变量</td><td>全部变量差分阶数</td><td>城市类型</td><td>H_1</td><td>H_2</td><td>模型形式</td></tr>
<tr><td rowspan="3">生产总值（GDP）</td><td>一阶差分</td><td>直辖市</td><td>接受</td><td>拒绝</td><td>变截距模型</td></tr>
<tr><td>一阶差分</td><td>副省级城市</td><td>接受</td><td>拒绝</td><td>变截距模型</td></tr>
<tr><td>一阶差分</td><td>地级市省会</td><td>接受</td><td>拒绝</td><td>变截距模型</td></tr>
<tr><td rowspan="3">人均生产总值（PGDP）</td><td>未差分</td><td>直辖市</td><td>接受</td><td>拒绝</td><td>变截距模型</td></tr>
<tr><td>一阶差分</td><td>副省级城市</td><td>接受</td><td>拒绝</td><td>变截距模型</td></tr>
<tr><td>一阶差分</td><td>地级市省会</td><td>接受</td><td>拒绝</td><td>变截距模型</td></tr>
<tr><td colspan="6">板块 C：分区域城市样本下的 F 检验结果</td></tr>
<tr><td>被解释变量</td><td>全部变量差分阶数</td><td>城市类型</td><td>H_1</td><td>H_2</td><td>模型形式</td></tr>
<tr><td rowspan="3">生产总值（GDP）</td><td>一阶差分</td><td>东部城市</td><td>接受</td><td>拒绝</td><td>变截距模型</td></tr>
<tr><td>一阶差分</td><td>中部城市</td><td>接受</td><td>拒绝</td><td>变截距模型</td></tr>
<tr><td>一阶差分</td><td>西部城市</td><td>接受</td><td>拒绝</td><td>变截距模型</td></tr>
<tr><td rowspan="3">人均生产总值（PGDP）</td><td>一阶差分</td><td>东部城市</td><td>接受</td><td>拒绝</td><td>变截距模型</td></tr>
<tr><td>一阶差分</td><td>中部城市</td><td>接受</td><td>拒绝</td><td>变截距模型</td></tr>
<tr><td>一阶差分</td><td>西部城市</td><td>接受</td><td>拒绝</td><td>变截距模型</td></tr>
<tr><td colspan="6">板块 D：分发展程度城市样本下的 F 检验结果</td></tr>
<tr><td>被解释变量</td><td>全部变量差分阶数</td><td>城市类型</td><td>H_1</td><td>H_2</td><td>模型形式</td></tr>
<tr><td rowspan="3">生产总值（GDP）</td><td>一阶差分</td><td>发达城市</td><td>接受</td><td>拒绝</td><td>变截距模型</td></tr>
<tr><td>一阶差分</td><td>中等发达城市</td><td>接受</td><td>拒绝</td><td>变截距模型</td></tr>
<tr><td>一阶差分</td><td>落后城市</td><td>接受</td><td>拒绝</td><td>变截距模型</td></tr>
<tr><td rowspan="3">人均生产总值（PGDP）</td><td>一阶差分</td><td>发达城市</td><td>接受</td><td>拒绝</td><td>变截距模型</td></tr>
<tr><td>一阶差分</td><td>中等发达城市</td><td>—</td><td>接受</td><td>不变参数模型</td></tr>
<tr><td>一阶差分</td><td>落后城市</td><td>接受</td><td>拒绝</td><td>变截距模型</td></tr>
</table>

图表来源：根据研究需要自制。

表 3-7 中结果显示，本章针对各分组样本的实证研究，主要可选择变截距模型与不变参数模型两类模型形式进行回归检验。

变截距模型的基本形式：

$$Y_t=m+\alpha_t^*+\beta\cdot X_t+u_i \tag{3-17}$$

不变参数模型的基本形式：

$$Y_t=\alpha+\beta\cdot X_t+u_t \tag{3-18}$$

3.5 城市防灾能力的经济效应实证分析

本节在全样本、分级别城市样本、分区域城市样本、分发展程度城市样本四种不同的样本细分情况下，展示城市防灾能力影响城市经济的不同实证检验结果，并以此为基础分情况进行分析和说明。

3.5.1 全样本下城市防灾能力对经济的实证影响

1. 全样本下城市经济与防灾能力的数据关系

选择城市生产总值与城市人均生产总值，作为衡量城市经济水平的具体指标；城市防灾能力指数具体数值则基于灰色关联评价法计算得到。图 3-5 反映了我国 35 个城市，在全样本下的经济与防灾能力之间的关系走势情况。

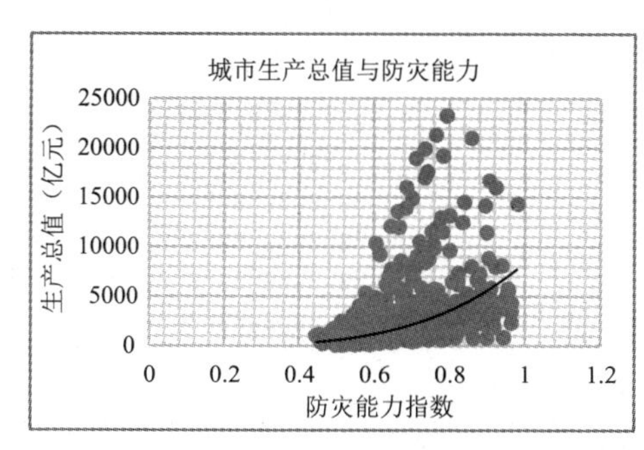

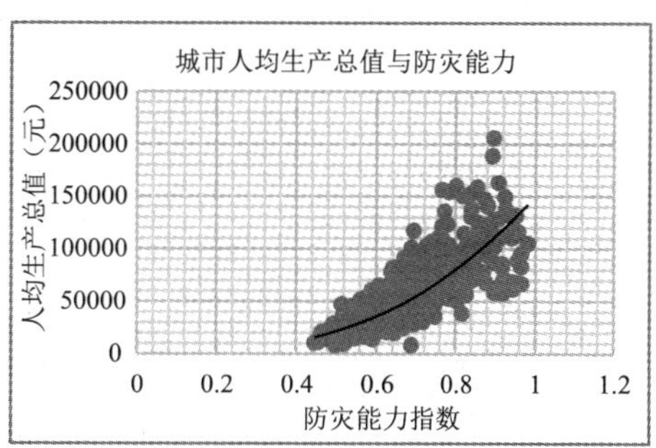

图 3-5　全样本城市经济与防灾能力的数据关系

图表来源：根据研究需要自制。

从趋势线来看，城市生产总值、城市人均生产总值同城市防灾能力之间基本成协同变化的正向走势，即城市防灾能力越高，则城市生产总值或城市人均生产总值将越高。而且城市防灾能力对于生产总值、人均生产总值的影响存在阈值效应，该阈值约为 0.7，当超过该阈值时，城市防灾能力对两个经济变量的正效应将大幅度提升。

2. 全样本下城市防灾能力对经济的实证影响检验结果及分析

表 3-8 展示了全样本下，城市防灾能力影响经济的实证模型检验结果，检验结果具有统计意义和经济意义。总的来看，城市防灾能力的提升将带动生产总值和人均生产总值的提升。

具体来看，35 个样本城市的防灾能力（取值位于［0, 1］之间）每提升 1 个单位（即从 0 提升到 1），将带动生产总值和人均生产总值分别增加 12673.06 亿元与 200897.8 元，可见城市防灾能力对经济总量和人均经济量的增长具有巨大的推动作用。

表 3-8　全样本下城市防灾能力影响经济的实证检验结果

被解释变量解释变量	城市生产总值（GDP）	城市人均生产总值（PGDP）
城市防灾能力（DPA）	12673.06*** （17.5034）	200897.8*** （31.7341）
截距项	−5510.527*** （−11.05169）	−79149.59*** （−18.1549）
R^2	0.7982	0.8023
调整的 R^2	0.7813	0.7858
DW 值	1.48	1.5874
观察数据个数	455	

注：***，**，* 分别表示在 1%、5% 和 10% 的统计水平下显著。

图表来源：根据研究需要自制。

可见，应该综合考虑城市防灾能力对生产总值、人均生产总值的影响，做到尽可能地发挥防灾能力对于城市经济绝对水平的拉动作用。

3.5.2 分级别城市下防灾能力对经济的实证影响

1. 分级别城市下城市经济与防灾能力的数据关系

图 3-6 展示了分级别城市样本下，我国城市经济与城市防灾能力的数据走势。

总体来看，城市生产总值、城市人均生产总值随着城市防灾能力的提升而不断增加。此外，可以看出城市防灾能力对于生产总值、人均生产总值两个城市经济变量的影响存在阈值效应，该阈值约为 0.7，当超过该阈值时，城市防灾能力对两个经济变量的提振效应将大幅度提升。

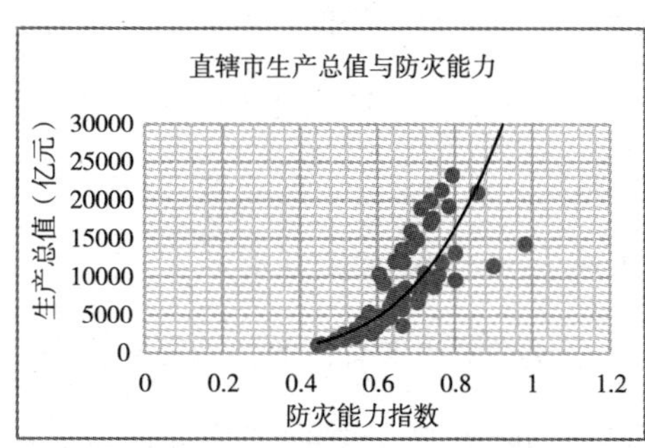

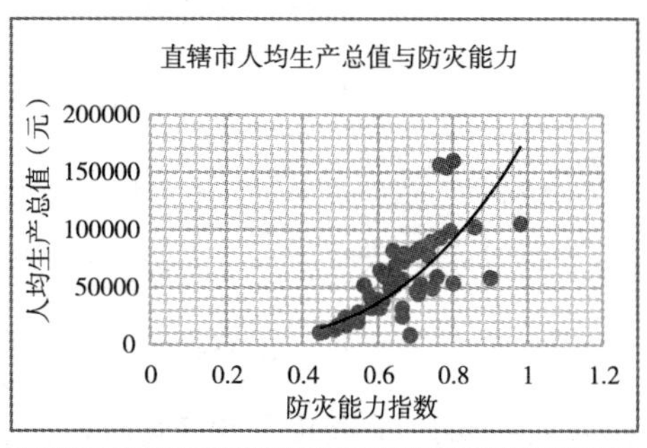

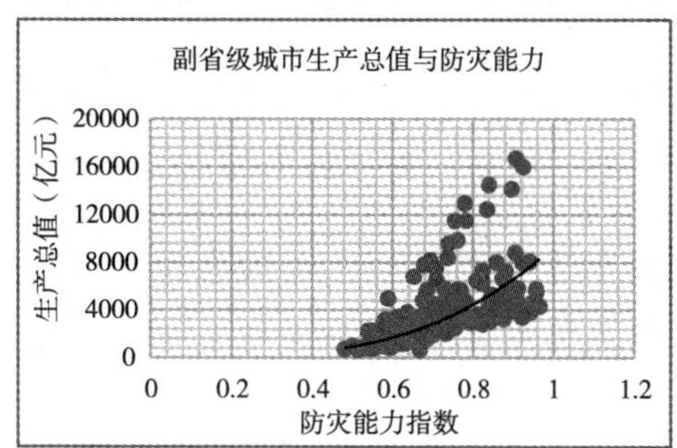

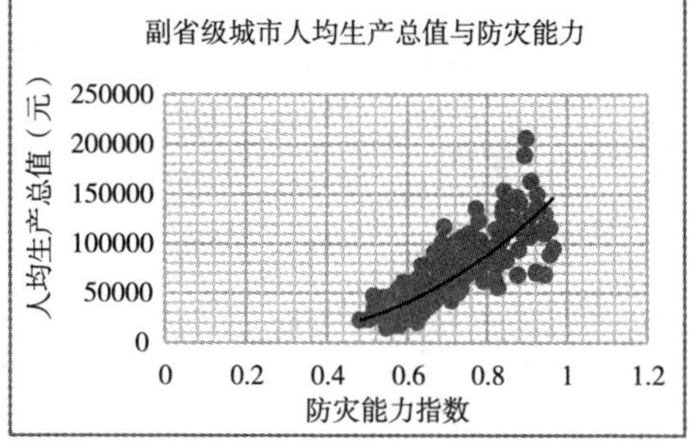

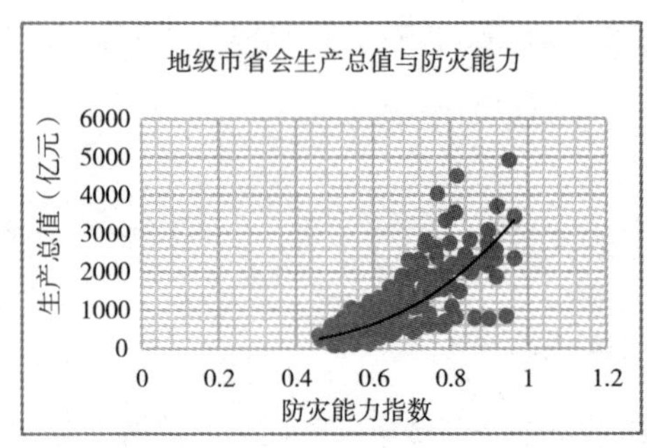

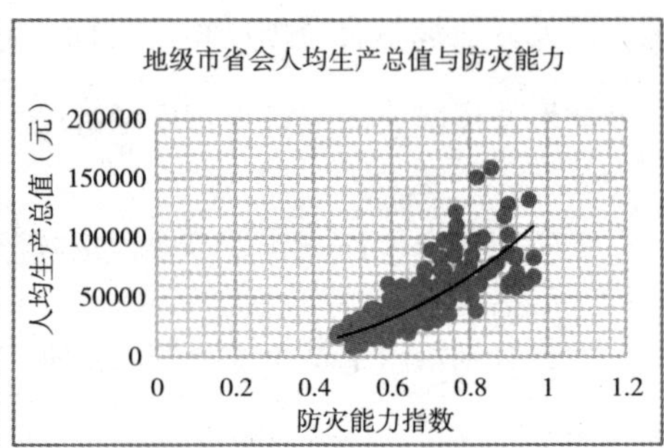

图 3-6　分级别城市经济与防灾能力的数据关系

图表来源：根据研究需要自制。

2. 分级别城市下防灾能力对经济的实证影响检验结果及分析

表 3-9 展示了分级别城市样本下，城市防灾能力对经济的影响的实证检验结果，检验结果具有统计意义和经济意义。具体来看，城市防灾能力的提升将带动不同级别城市生产总值和人均生产总值的提升。总的来看，随着城市级别的上升，防灾能力对生产总值的影响越大，对人均生产总值的影响越小。

从检验结果来看：①防灾能力对不同级别城市的生产总值的拉动影响，表现出了随级别的上升而提升的变化规律，直辖市的防灾能力对生产总值的拉动影响最大，其次是副省级城市，再次是地级市省会。②防灾能力对不同级别城市的人均生产总值的拉动效应，整体上符合“城市级别越高，防灾能力对其人均生产总值的拉动效应越小”的变化规律，但又存在差异，即地级市省会的防灾能力对人均生产总值的拉动效应脱离了变化规律，从而出现了“副省级城市＞直辖市＞地级市省会”的情况。

表 3-9　分级别城市防灾能力对经济的实证影响检验结果

被解释变量 解释变量	城市类型	城市生产总值（GDP）	城市人均生产总值（PGDP）
城市防灾能（DPA）	直辖市	36741.56*** （8.7266）	201252.8*** （6.6204）
	副省级城市	15145.11*** （18.6985）	233708.3*** （14.3627）
	地级市省会	5439.53*** （23.1773）	170556.9*** （22.94）
截距项	直辖市	-15241.32*** （-5.3826）	-74216.33*** （-3.6302）
	副省级城市	-7068.375*** （-12.2508）	-95307.99*** （-14.3627）
	地级市省会	-2466.471*** （-15.6738）	-16680.19*** （-13.4159）
R^2	直辖市	0.7471	0.6149
	副省级城市	0.8162	0.8341
	地级市省会	0.8127	0.7953
调整的 R^2	直辖市	0.7256	0.5822
	副省级城市	0.8008	0.8202
	地级市省会	0.797	0.7781
DW 值	直辖市	1.3337	1.7888
	副省级城市	1.2462	1.6822
	地级市省会	1.3615	1.4893
观察数据个数	直辖市	52	
	副省级城市	195	
	地级市省会	208	

注：***，**，* 分别表示在 1%、5% 和 10% 的统计水平下显著。

图表来源：根据研究需要自制。

从防灾能力影响不同级别城市经济的规律来看，应该综合考虑城市防灾能力对生产总值和人均生产总值的影响，做到尽可能地发挥防灾能力对于城市经济绝对水平的拉动作用。

3.5.3 分区域城市下防灾能力对经济的实证影响

1. 分区域城市下经济与防灾能力的数据关系

图 3-7 展示了分区域城市样本下，我国城市经济与城市防灾能力的数据走势。

总体来看，城市生产总值、城市人均生产总值同城市防灾能力的提升不断增加。此外，可以看出城市防灾能力对于生产总值、人均生产总值等两个城市经济变量的影响存在阈值效应，该阈值约为0.7，当超过该阈值时，城市防灾能力对两个经济变量的提振效应将大幅度提升。

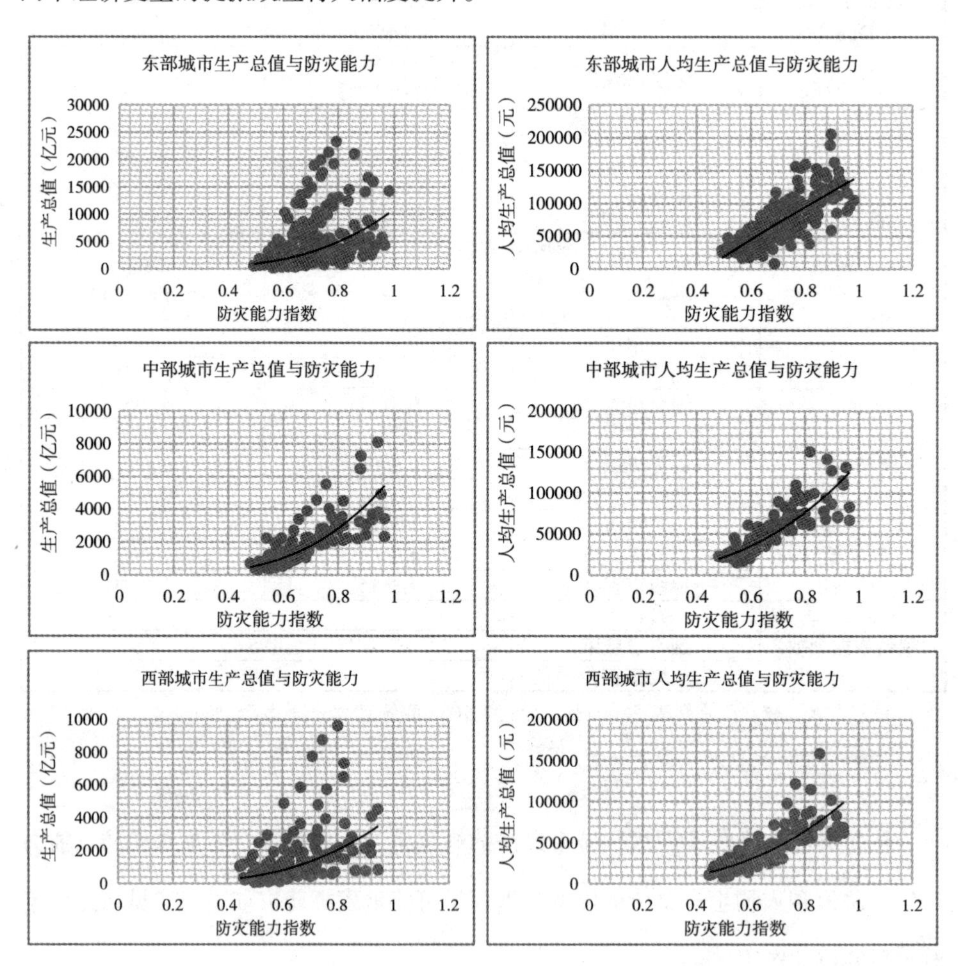

图3-7　分区域城市经济与防灾能力的数据关系

图表来源：根据研究需要自制。

2. 分区域城市下防灾能力对经济的实证影响检验结果及分析

表3-10展示了分区域城市样本情况下，城市防灾能力对经济影响的实证检

验结果，其检验结果具有统计意义和经济意义。

具体来看，城市防灾能力的提升将带动不同区域城市生产总值和人均生产总值的提升。总的来看，随着城市所处区域从西向东变化，防灾能力对生产总值、人均生产总值的影响越来越大，即防灾能力的经济拉动效应表现出了“东部城市高于中部城市，中部城市高于西部城市”的规律。该变化规律基本符合我国城市的地域差异特征。

表 3-10　分区域城市防灾能力对经济的实证影响检验结果

被解释变量 解释变量	城市类型	城市生产总值（GDP）	城市人均生产总值（PGDP）
城市防灾能力（DPA）	东部城市	18797*** （12.7347）	235799*** （20.6691）
	中部城市	9054.934*** （18.8899）	198756.1*** （16.8485）
	西部城市	5142.176*** （12.1081）	161863*** （22.0977）
截距项	东部城市	−8475.602*** （−8.1077）	−95384*** （−11.8056）
	中部城市	−4198.141*** （−12.6101）	−80596.3*** （−9.8372）
	西部城市	−3665.159*** （8.3074）	−63777.77*** （−13.2711）
R^2	东部城市	0.7904	0.7703
	中部城市	0.855	0.7797
	西部城市	0.7571	0.8276
调整的 R^2	东部城市	0.7728	0.7511
	中部城市	0.8427	0.7611
	西部城市	0.7367	0.8131
DW 值	东部城市	1.478	1.8474
	中部城市	1.3883	1.1647
	西部城市	1.2226	1.7755
观察数据个数	东部城市	208	
	中部城市	104	
	西部城市	143	

注：***，**，* 分别表示在 1%、5% 和 10% 的统计水平下显著。

图表来源：根据研究需要自制。

从防灾能力对不同区域城市经济的影响规律来看，应该综合考虑城市防灾能力对生产总值、人均生产总值的影响，做到尽可能地发挥防灾能力对于城市经济绝对水平的拉动作用。

3.5.4 分发展程度城市下防灾能力对经济的实证影响

1. 分发展程度城市下城市经济与防灾能力的数据关系

图 3-8 展示了分发展程度城市样本下，我国城市经济与防灾能力的数据走势。

总体来看，城市生产总值、城市人均生产总值随着城市防灾能力的提升而不断增加。此外，可以看出城市防灾能力对于生产总值、人均生产总值两个主要城市经济变量的影响存在阈值效应，该阈值约为 0.7，当超过该阈值时，城市防灾能力对两个经济变量的提振效应将大幅度提升。

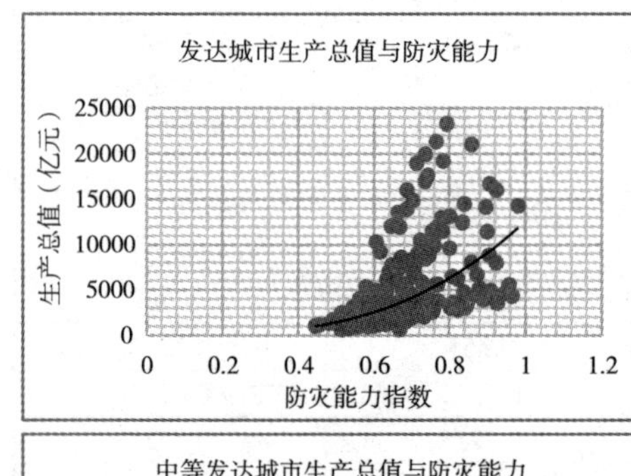

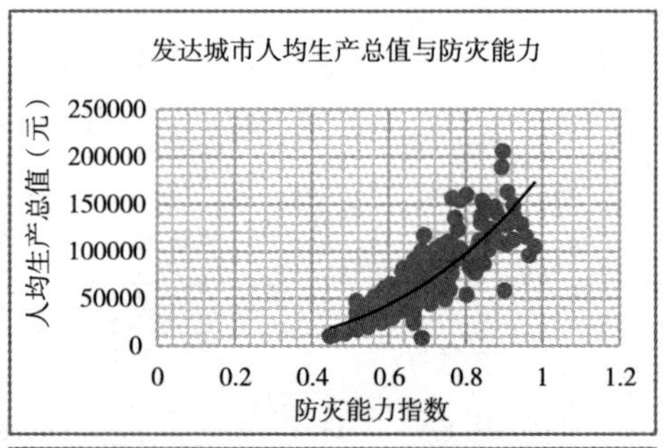

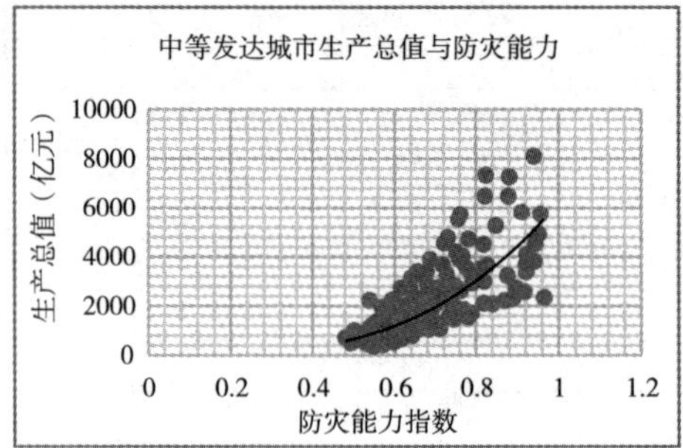

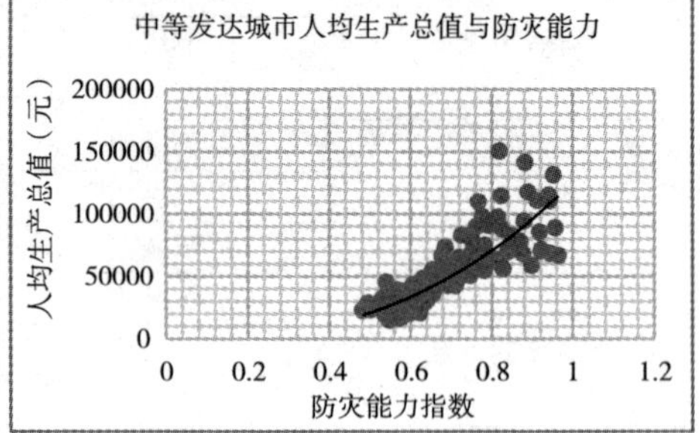

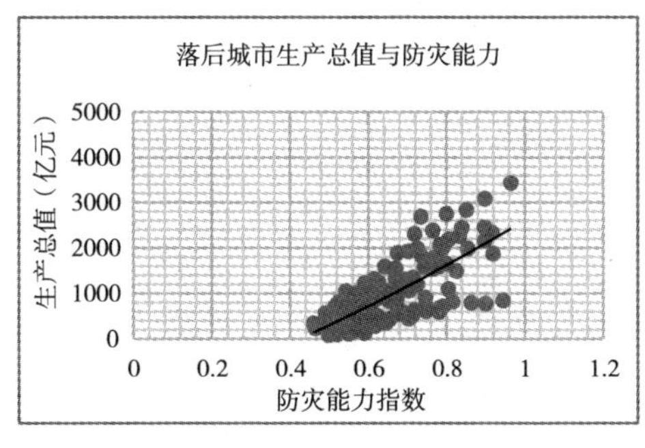

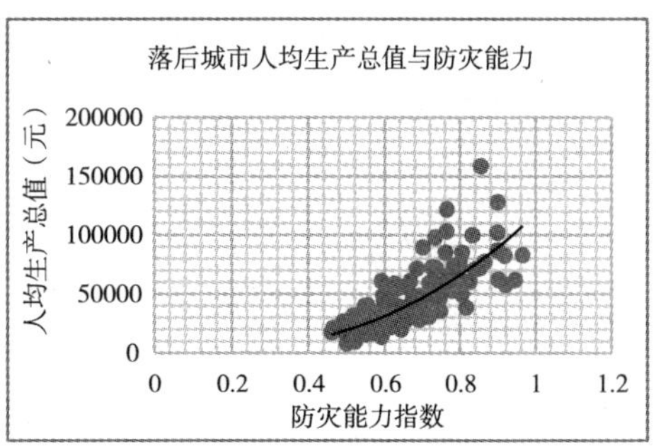

图 3-8　分发展程度城市经济与防灾能力的数据关系

图表来源：根据研究需要自制。

2. 分发展程度城市下防灾能力对经济的实证影响检验结果及分析

表 3-11 展示了分发展程度城市样本下，城市防灾能力对经济影响的实证检验结果，其检验结果具有统计意义和经济意义。

具体来看，城市防灾能力的提升将带动不同发展程度城市的生产总值和人均生产总值的提升。总的来看，城市发展程度越高，防灾能力对生产总值、人均生产总值的影响越大，即发达城市高于中等发达城市，中等发达城市高于落后城市。该变化规律基本符合我国城市的发展程度差异特征。

表 3-11　分发展程度城市防灾能力对经济的实证影响检验结果

被解释变量 / 解释变量	城市类型	城市生产总值（GDP）	城市人均生产总值（PGDP）
城市防灾能力（DPA）	发达城市	23189.96*** （13.8314）	247314.8*** （18.7376）
	中等发达城市	9942.882*** （21.0684）	190053.3*** （18.0017）
	落后城市	4644.52*** （23.8531）	168439.7*** （20.713）
截距项	发达城市	-10547.97*** （-8.9032）	-98983.34*** （-10.613）
	中等发达城市	-4592.147*** （-13.9634）	-78462.05*** （-10.66）
	落后城市	-2068.556*** （-16.1132）	-166187.1*** （-12.3447）
R^2	发达城市	0.7898	0.7615
	中等发达城市	0.8431	0.6968
	落后城市	0.8664	0.8186
调整的 R^2	发达城市	0.7722	0.7415
	中等发达城市	0.8299	0.6947
	落后城市	0.8552	0.8034
DW 值	发达城市	1.1898	1.9042
	中等发达城市	1.3688	1.7232
	落后城市	1.5335	1.9199
观察数据个数	发达城市	169	
	中等发达城市	143	
	落后城市	143	

注：***，**，* 分别表示在 1%、5% 和 10% 的统计水平下显著。

图表来源：根据研究需要自制。

从防灾能力对不同发展程度城市经济的影响规律来看，亦应该综合考虑城市防灾能力对生产总值、人均生产总值的影响，做到尽可能地发挥防灾能力对于城市经济绝对水平的拉动作用。

3.6 城市防灾能力的经济效应实证研究结论总结

本节基于前文的实证研究，对本章主要的实证研究结论进行归纳总结，发现城市防灾能力对经济产值类指标的影响存在阈值效应，且城市防灾能力对经济产值存在正向拉动效应。

3.6.1 城市防灾能力对经济产值的影响存在阈值效应

在各类样本城市情况下，从散点图数据趋势线来看，防灾能力对两种经济产值指标的影响，在多数状态下存在阈值效应，且阈值约为 0.7。

3.6.2 城市防灾能力对经济产值存在正向拉动效应

不同样本城市情况下，城市防灾能力的提升将带动生产总值和人均生产总值的提升，城市防灾能力对经济产值类指标存在正向拉动作用。但不同城市分类下，不同类型城市之间的防灾能力对于产值的影响存在差异。具体差异可见表 3-12 所示。

表 3-12　各类样本城市下防灾能力 / 其他因素对产值的影响比较

板块 A：全样本城市情况下防灾能力 / 其他因素对产值经济指标的影响			
	城市生产总值（GDP）	城市人均生产总值（PGDP）	
城市防灾能力（DPA）	12673.06*** （17.5034）	200897.8*** （31.7341）	
DPA 外的其他因素（截距项）	-5510.527*** （-11.05169）	-79149.59*** （-18.1549）	
板块 B：不同级别城市的防灾能力 / 其他因素对产值经济指标影响的比较			
	城市生产总值（GDP）		
	直辖市	副省级城市	地级市省会
城市防灾能力（DPA）	高（正效应）	中（正效应）	低（正效应）
DPA 外的其他因素（截距项）	高（负效应）	中（负效应）	低（负效应）
	城市人均生产总值（PGDP）		
	直辖市	副省级城市	地级市省会
城市防灾能力（DPA）	中（正效应）	高（正效应）	低（正效应）
DPA 外的其他因素（截距项）	中（负效应）	高（负效应）	低（负效应）
板块 C：不同区域城市的防灾能力 / 其他因素对产值经济指标影响的比较			
	城市生产总值（GDP）		
	东部城市	中部城市	西部城市
城市防灾能力（DPA）	高（正效应）	中（正效应）	低（正效应）
DPA 外的其他因素（截距项）	高（负效应）	中（负效应）	低（负效应）
	城市人均生产总值（PGDP）		
	东部城市	中部城市	西部城市
城市防灾能力（DPA）	高（正效应）	中（正效应）	低（正效应）
DPA 外的其他因素（截距项）	高（负效应）	中（负效应）	低（负效应）
板块 D：不同发展程度城市的防灾能力 / 其他因素对产值经济指标影响的比较			
	城市生产总值（GDP）		
	发达城市	中等发达城市	落后城市
城市防灾能力（DPA）	高（正效应）	中（正效应）	低（正效应）
DPA 外的其他因素（截距项）	高（负效应）	中（负效应）	低（负效应）
	城市人均生产总值（PGDP）		
	发达城市	中等发达城市	落后城市
城市防灾能力（DPA）	高（正效应）	中（正效应）	低（正效应）
DPA 外的其他因素（截距项）	中（负效应）	低（负效应）	高（负效应）

图表来源：根据研究需要自制。

分类来看城市防灾能力对产值类经济指标的拉动影响，可以发现基本表现出了以下特征：高行政级别城市高于低级别城市；东部城市高于中部城市，中部城市高于西部城市；高发展程度城市高于低发展程度城市。此外，亦存在特殊情况，例如，防灾能力在对分级别城市的人均产值的影响方面，则表现出了直辖市低于副省级城市的特殊情况。

第4章　城市防灾投资的经济效应研究

本章将基于我国4个直辖市的样本数据（因仅能找到直辖市有具体的防灾投资和灾害损失方面的统计数据，故选择4个直辖市作为本章实证研究的样本城市），以城市地质灾害（自然灾害类型）与城市工业污染灾害（人为灾害类型）为例，并分别基于地质灾害防治投资和工业污染治理投资实证探讨城市防灾投资的经济效应（主要从直接灾害经济损失与间接经济发展影响两个角度切入）。

4.1 城市防灾投资与经济的理论解析

本节主要阐述城市防灾投资对灾害控制、经济发展存在的理论影响。从前文可知，一方面，城市防灾投资通过控制灾害，能实现减少灾害发生风险和可能的灾损、节省灾后重建费用，进而间接影响经济；另一方面，城市防灾投资作为投资的构成部分，对于经济发展亦具有直接影响。

4.1.1 城市防灾投资与灾害控制的理论关系

1. 城市防灾投资的成本与收益

长期以来，城市防灾大多表现为公共产品的形式，因而大多数情况下防灾产品由政府提供。灾害一般具有不确定性的特征，在不确定性的条件下，为了有效应对可能存在的灾害发生和损失风险，作为城市公共服务提供者与灾害发生和损失风险管理者而存在的政府组织，理应定期投入一定的资源，用于预防灾害、控制灾害发生风险与减轻灾害损失等灾害管理过程中（Palm，1990）。

城市防灾投资一般包括在政府每年的预算当中，因此可假设城市政府每年的投资预算 I_t 主要包括一般项目投资 I_t^c 和防灾投资 I_t^p 两个部分，从而存在 $I_t = I_t^p + I_t^c$。其中，I_t^c 为城市政府的一般项目投资，主要涉及政府用于建设基础设施，更新固定资产，发展国防与教育等社会事业方面的支出，是政府的常用支出；I_t^p 代表的是城市政府在防灾方面的投资，该项支出主要用于灾情预报和检测、灾害预防设施建设、灾害风险控制、灾害损失减轻、灾害治理工事的修缮、防减灾宣传，以及防减灾人员培训等方面。

根据现实情况与经验，可以发现城市灾害损失 L 同防灾投资 I_t^p 之间存在一种反向变化关系，即随着城市防灾投资的增加，灾害损失一般会逐渐下降。城市灾害损失 L 同防灾投资 I_t^p 之间的这种关系用数据公式可以表示为：

$$\begin{gathered} L=f(I_t^p)\text{，且满足}f'(I_t^p)<0\text{，}f''(I_t^p)>0\text{；} \\ \text{当}I_t^p=0\text{时，}f(I_t^p)\rightarrow L_{\max}\text{（Mileti，1999）；} \\ \text{当}I_t^p\rightarrow\infty\text{时，}f(I_t^p)\rightarrow L_{\min}\text{（Mileti和Noji，1999）。} \end{gathered} \tag{4-1}$$

同时，一般情况下城市政府用于防灾领域的投资也必然会形成一定的期望收益（Kates，2001），这是城市政府进行防灾投资的主要目的。通过分析可以发现，城市政府进行防灾投资的期望收益 B 与防灾投资 I_t^p 之间主要呈正向变化关系，即随着防灾投资 I_t^p 的增加，防灾投资的期望收益 B 会不断地上升，当然城市防灾投资期望收益的递增是存在阈值的。城市防灾投资的期望收益可表示为防灾投资的函数：

$$B=g(I_t^p)，且满足g'(I_t^p)>0，g''(I_t^p)<0;$$

$$I_t^p=0时，B_{min}=0; \tag{4-2}$$

$$I_t^p\to\infty时，g(I_t^p)\to B_{max}（Balatsky和Ekimov，1999）。$$

2. 城市防灾投资与社会成本

相对于一般项目投资，作为城市政府财政总支出的一部分，防灾投资亦是一种机会成本。因此，城市政府的防灾投资必然受限于一定的成本与收益。

为了更好地阐述城市防灾投资所引致的总收益同相应的总成本之间的具体关系，在此借用社会成本的概念。一般的，社会成本 C 可用一定的函数形式表现，即 $C=C_1+C_2$。其中，C_1 表示城市灾害造成的直接成本，可用灾害损失数据替代，因此城市灾害成本 C_1 等同于灾害损失 L，且可以表示为防灾投资的函数，即 $C_1=L=f(I_t^p)$；C_2 则表示机会成本，即城市一定的资源用于防灾，而不能用于其他方面投资的代价，城市防灾投资的机会成本可用函数 $C_2=f(I_t^c)=-\phi(I_t^p)$ 表示。因此，在城市总投资水平固定的情况下，用于防灾的投资增加，必然将相应地减少用于城市管理中其他领域的投资数额，从而一定程度上将增加城市社会成本。经过简单的转换，可进一步发展得到城市防灾投资的理论社会成本函数形式：

$$C=C_1+C_2=f(I_t^p)=-\phi(I_t^p)=\psi(I_t^p) \tag{4-3}$$

可见，城市防灾投资的社会成本亦是防灾投资的函数。

3. 最优的城市防灾投资

当城市防灾投资的成本函数与收益函数能被确定时，则可得到城市防灾投资的最优水平。

在此通过图 4-1 来说明城市最优防灾投资规模的存在情况。图 4-1 主要反映的是在城市防灾投资约束下的各类成本曲线的变化趋势，主要包括防灾社会成本曲线 C、灾害成本曲线 C_1（灾害损失曲线）与机会成本曲线 C_2。

图 4-1 中，横轴表示城市防灾投资I_t^p，纵轴代表各类成本水平。C_1 为城市防灾的灾害成本线，从中可看出灾害成本与防灾投资间，表现出了单调递减的变化关系，即随着城市防灾投资的增加，灾害成本（灾害损失）将逐渐减少。同时，亦可看出在灾害成本曲线的拐点前后，曲线的凹凸情况将发生改变：曲线拐点之前表现为下凹的情况，因而随着防灾投资的增加，灾害成本将小幅下降。以 A 点为例可以看出，当防灾投资处于较低水平时，将不能有效控制灾害成本（灾害损失），此时仍然具有较高的灾害成本或灾害损失水平；随着防灾投资的不断增加，例如增加到 B 点这一较高水平时，虽然此时能有效控制灾害成本（灾害损失），但将形成较高的防灾机会成本，因而总的社会成本较高；B 点之后若继续追加防灾投资，则能形成的投资增量效益将特别有限；B 点之后呈水平状继续延伸的灾害成本线说明，防灾投资对灾害成本的降低能力与作用存在阈值效应。

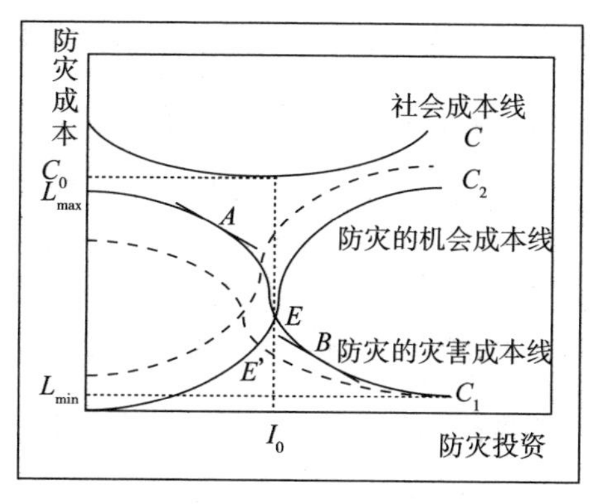

图 4-1　城市防灾投资约束下的防灾成本线

图表来源：根据相关理论与思想自制。

因此，防灾投资应具有规模效应，其在灾害成本曲线的拐点附近影响最为显著。C_2 为城市防灾的机会成本线，可发现机会成本同防灾投资间主要呈单调递增的变化关系，即随着城市防灾投资的增加，防灾的机会成本将逐渐增加。但是，在机会成本曲线的拐点附近仍然表现出了不同的凹凸性特征，类似于防灾的灾害成本曲线，只是表现为相反的情况。在防灾的机会成本线中，拐点左下方部分表示有效的机会成本控制要求防灾投资保持在一定的限度之内，拐点右上方部分则表示过度的防灾投资会增加城市防灾的机会成本。因此，城市防灾的机会成本线和灾害成本的交叉拐点 E 附近应为最佳防灾投资水平。

图 4-1 显示城市防灾的社会成本线 C，总体上同防灾投资 I_t^p 之间表现为“U”形关系（Institute for Business and Home Safety，1995）。具体的，在社会成本曲线的前半段，随城市防灾投资 I_t^p 的不断提升，社会成本 C 将逐渐减少，且防灾投资的灾害损失控制效果明显（参考灾害成本曲线拐点前面部分）。当防灾的灾害成本线和机会成本线交于 E 点时，对应的社会成本达到最低水平，可见此时的防灾投资应该是处于最优水平的。但是，在其他变量固定的情况下，若政府减少防灾投资水平，则将导致灾害成本线向左下方移动，从而两条曲线交于 E' 点，可知 E' 点不会是最低的社会成本点；若政府增加防灾投资，则将引致灾害成本线向右上方移动，其同机会成本线的新交点也将不再是社会成本的最低水平。

因此，根据上述理论分析可得出以下结论：一方面，城市政府应该重视防灾，不可轻视预防环节对于灾害发生概率和损失减轻的作用，城市政府的防灾投资须达到能在防灾成本和防灾收益间实现平衡的最优配置水平才可以，否则过少的防灾投资不利于规模效应的形成，反之则会产生过高的社会总成本；另一方面，若城市政府的防灾投资超出了最优配置水平，则可能会对其他类型的投资产生挤出效应，亦会导致社会总成本的快速上升。因此，城市的防灾投资应坚持适度原则，保持在一定的最佳水平。

4.1.2 城市防灾投资与经济发展的理论关系

接下来将借助经济增长和期望效用理论，引入一个短期经济增长模型来说明城市防灾投资对于经济的影响效应（Howard，2004）。因此，对模型进行如下假设：

假设 1：灾害发生概率不确定，但损失分布可进行计量；

假设 2：满足内生经济增长条件，规模报酬递减情况不存在；

假设 3：将城市抽象化为具有有限理性，且能独自开展投资和消费等经济活动的单个经济行为主体；

假设 4：设定经济长期稳定发展与社会成本最小化为城市的决策目标。

1. 理论模型设定

假定城市消费 C 的效用函数满足 $U(C_t)=C_t-(a/2)\times C_t^2$ 这一二次型公式形式，其中 $a>0$，且 $U'(C_t)=1-a\times C_t$。因此，在设定的不确定的灾害损失前提条件下，城市的最优社会目标函数形式可写为max：$E[\sum_1^T(1-\rho)^t\times U(C_t)]$（Clark，1951），其中，$\rho$ 为主观贴现率。进一步进行简化，设定研究的消费时期仅包括两期，即 C_1 代表第 1 期消费，C_2 代表第 2 期消费，且所有财富将在两期内消费完毕。因为信息确定，所以第 1 期消费过程中可设定 $E(C_1)=C_1$；而第 2 期消费过程中的信息是不确定的，所以根据霍尔模型（Solow，1974）可知，第 2 期的消费与消费的预期之间应该存在随机扰动关系，故设定 $E(C_2)=C_2+E[B(e)]$，其中的 $B(e)$ 代表期望收益，其包含了未来灾害损失不确定性。

关于城市投资 I_t，$I_t=I_t^p+I_t^c$，其中 I_t^p 代表城市防灾投资，I_t^c 代表城市的其他一般项目投资，前文内容已介绍过。因为城市防灾投资拥有风险投资的特征与性质，所以必定存在同灾害损失不确定性相关的预期收益。

关于城市经济发展中的资本数量 K_t，在满足内生增长模型一系列假设的前提下，可以用 $Y=AK_t$ 来表示国民收入 Y 同资本数量 K_t 间的具体关系，其中的 A 代表技术水平（Romer，1986）。此外，存在 $K_t=(1-d)K_{t-1}+I_{t-1}^c$，其中的 d 代表资本折旧率。因此，灾害发生导致的损失将降低本期资本积累水平，并直接影响下一期的资本数量情况。

2. 理论模型分析

在相关信息确定的前提条件下，第 1 期的消费可表示为 $E(C_1)=C_1=Y^1-I_1^p-I_1^c-S_1$。其中，$S_1$ 为第 1 期的储蓄水平。而在相关信息不确定的前提条件下，基于两期消费的约束条件，第 2 期的消费情况可表示为：

$$E(C_2)=C_2+E[B(e)]=Y_2+E[(1+e)I_1^p]=AK_2+E[(1+e)I_1^p] \qquad (4\text{-}4)$$

参照前述内容，在资本数量 K_t 遭受灾害损失发生的冲击影响下，假定灾害损失发生的概率为 λ，则可确定第 1 期的资本数量为 K_1。而第 2 期面临不确定的灾损发生概率，故第 2 期的资本数量是不确定的，因此可将第 2 期的可能资本数量用公式来表示：

$$K_2=\lambda[1-l(I_t^p)][(1-d)K_1+I_t^c]+(1-\lambda)[(1-d)K_1+I_t^c] \qquad (4\text{-}5)$$

其中，l 为灾害损失率，代表损失程度。

第 1 期中的城市防灾投资所形成的预期收益 $B=E[(1+e)I_t^p]$，将直接影响第 2 期的城市消费决策，结合这两种情况可以得出第 2 期的期望消费函数：

$$\begin{aligned}E(C_2)&=AK_2+E[(1+e)I_t^p]\\&=A\lambda[1-l(I_t^p)][(1-d)K_1+I_t^c]+A(1-\lambda)[(1-d)K_1+I_t^c]+E[(1+e)I_t^p]\end{aligned} \qquad (4\text{-}6)$$

因此，社会财富的最大化问题转化为：

$$\max：E[\sum_1^T(1-\rho)^t\times U(C_t)] \qquad (4\text{-}7)$$

$$
s.t\begin{cases}
E(C_1)=C_1=Y_1-I_1^p-I_1^c\times S_1 \\
E(C_2)=A\lambda[1-l(I_1^p)][(1-d)K_1+I_1^c]+A(1-\lambda)[(1-d)K_1+I_1^c]+E[(1+e)I_1^p] \\
C_1+(1-\rho)C_2=Y_1+(1-\rho)Y_2 \\
U(C_t)=C_t-\frac{a}{2}\times C_t^2
\end{cases}
\tag{4-8}
$$

构建拉格朗日函数：

$$
\begin{aligned}
\vartheta = {} & E[\textstyle\sum_1^{\mathrm{T}}(1-\rho)^{\mathrm{t}}\times U(C_t)]+\alpha\{A\lambda[1-l(I_1^p)][(1-d)K_1+I_1^c]+ \\
& A(1-\lambda)[(1-d)K_1+I_1^c]+E[(1+e)I_1^p]\}+ \\
& \beta[C_1+(1-\rho)C_2-Y_1-(1-\rho)Y_2]+ \\
& x[U(C_t)-C_t+\frac{a}{2}\times C_t^2]
\end{aligned}
\tag{4-9}
$$

基于条件极值的求解约束（Burton 和 Kates，1978）和确定性等价原则（Alexander，1997），可在拉格朗日函数中加入约束条件进行化解，从而可求得两期消费的最优约束条件：

$$
\begin{cases}
\mathrm{MRS}\,I_c^1=\lambda A[1-l(I_1^p)]+(1-\lambda)A \\
\mathrm{MRS}\,I_p^1=-\lambda Al'(I_1^p)[(1-d)K_1+I_1^c]+(1+e)
\end{cases}
\tag{4-10}
$$

进而，可得到防灾投资与灾害损失频率间的关系公式、一般性投资与灾害损失频率间的关系公式，以及防灾风险支出与资本积累间的关系公式：

$$
\begin{cases}
\dfrac{\partial I_1^p}{\partial K_1}=-\dfrac{l'(I_1^p)}{l''(I_1^p)[(1-d)K_1+I_c^1]}>0 \\
\dfrac{\partial I_1^p}{\partial e}=\dfrac{l'(I_1^p)}{\lambda A\times l''(I_1^p)[(1-d)K_1+I_c^1]}>0 \\
\dfrac{\partial I_1^p}{\partial \lambda}=-\dfrac{l'(I_1^p)}{\lambda\times l''(I_1^p)}>0 \\
\dfrac{\partial I_c^1}{\partial \lambda}=-\dfrac{(1-d)K_1+I_1^c}{\lambda}<0
\end{cases}
\tag{4-11}
$$

最后，可求解得到稳态条件下的短期最优防灾投资规模公式：

$$-\lambda A\times l(I_1^p)+\lambda A\times l'(I_1^p)(K_1-dK_1-I_1^c)=A \tag{4-12}$$

借助微分方法求解方程，可得到：

$$L(I_1^p)=e^{-\int(K_1-dK_1-I_1^c)dt}[A+\lambda\int(K_1-dK_1-I_1^c)dt] \tag{4-13}$$

3. 模型解释

城市防灾投资与资本数量的关系方面：根据上述模型的推导过程和具体分析可知，在其他约束条件固定不变的前提下，城市防灾投资 I_1^p 同第 1 期的资本数量 K_1 之间，以及同第 2 期的防灾风险投资预期收益之间，表现出了正相关关系。一个城市的经济越发达，则其资本积累数额也将越多，同时在风险因子扩张的情况下，这种城市面对的潜在灾损亦将相应增加。因此，在这样的背景和前提下，城市将不断增加防灾风险投资（Albara 和 Bertrand，1993）。这一结论将用于支撑后文对策——综合防灾路径的提出。

城市防灾投资与消费支出的关系：固定其他约束条件时，若灾损发生的频率 λ 增高，则城市在第 1 期内将增加防灾投资I_1^p，而降低一般投资I_1^c水平。

此外，因为经济是投资和预期的函数，故城市防灾投资对于城市经济水平理应存在影响。

基于上述理论分析，本章接下来将以我国 4 个直辖市的样本数据为例，实证探讨城市地质灾害防治投资、城市工业污染治理投资的经济效应。具体的经济效应研究主要从防灾投资对灾害损失的控制，与对具体经济发展指标的促进两方面进行。

4.2 城市地质灾害防治投资的经济效应实证分析

本节主要介绍城市地质灾害防治投资对经济的实证影响模型的构建内容，并展示和分析地质灾害防治投资对灾损与经济发展等具体经济变量的实证影响结果。

4.2.1 城市地质灾害防治投资对经济的实证影响模型构建

1. 指标选取

本节拟借助我国 4 个直辖市的相关数据来实证探讨城市地质灾害防治投资的经济效应，将分析直辖市地质灾害防治投资对地质灾害损失、资本数量、消费支出，以及经济总量的影响。因此，以上四类变量将成为本节实证研究中的被解释变量，而地质灾害防治投资则为主要的解释变量。

本节选择指标主要考虑两个标准：一是理论标准，即根据已有理论、研究文献梳理选择研究需要的指标；二是考虑我国的现实情况筛选指标和变量，例如具体数据的可获得性和代表性。

本节对相关变量进行如下设定：

GDP（gross domestic product）为城市经济总量指标，代表一定时期内城市社会最终产品的价值，用城市生产总值水平衡量。

CQ（capital quantity）为城市资本数量指标，用城市年末资本总额来进行表示，反映的是一定时期内城市全部可利用的资本水平。

CE（consumption expenditure）为城市消费支出指标，用一定时期内城市的消费支出数额来表示，消费支出的变化用于反映城市消费支出的变化。

DEL（direct economic loss）为城市地质灾害直接经济损失指标，反映了因地质灾害毁坏的生命与财产价值。

LND（loss of natural disaster）为城市自然灾害损失指标，反映的是城市全部自然灾害所带来的经济损失情况（因为地质灾害是造成自然灾害损失的重要因素之一）。

IDP（investment of disaster prevention）为城市地质灾害防治投资指标，是城市政府为防范和减轻地质灾害损失，及发生风险而支付的财政专项拨款，主要用于地质灾害防治项目建设，具体涉及防灾工程修缮、宣传教育、监测机构的日常支出等方面。

2. 数据说明

本节选取我国 4 个直辖市作为实证研究样本，主要原因有两个：一是，本节主要研究目标在于通过城市间的比较，找出城市地质灾害防治投资的经济效应在城市间表现出的差异性；二是，我国仅直辖市存在地质灾害防治投资方面的具体统计数据，其他类型城市不存在这方面的统计数据。

本节所使用的数据主要来源于《中国城市统计年鉴》《中国城市年鉴》《中国城市发展报告》《中国环境统计年鉴》《中国统计年鉴》，以及各省、各城市的统计年鉴。此外，部分数据则取自《中国民政事业发展报告》《中国民政年鉴》《中国灾情报告》等。其数据的时间跨度为 2003—2015 年，以 2003 年为基期。

表 4-1 展示了 4 个直辖市样本变量数据的描述性统计结果，其中具体地展示了均值、中位数、最大值、最小值、标准差、偏度与峰度等几项指标情况。

表 4-1　地质灾害防治投资为解释变量时的直辖市数据描述性统计

板块 A：全样本下的描述性统计结果								
变量		均值	中位数	最大值	最小值	标准差	偏度	峰度
经济总量（GDP）		11203.78	10427.2	25123.5	2327.08	6289.79	0.4067	2.1816
资本数量（CQ）		5658.942	5513.195	12023.4	1313.2	2747.258	0.2991	2.2395
消费支出（CE）		5827.247	4979.58	14853.5	1133.69	3825.758	0.8648	2.734
地质灾害直接经济损失（DEL）		5005.096	0	54719	0	12790.31	2.9449	10.6276
自然灾害损失（LND）		120076.9	0	1710000	0	309942.4	3.4246	15.7041
地质灾害防治投资（IDP）		8692.442	882	66233	0	16097.12	2.3224	7.3841
板块 B：分城市情况下的描述性统计结果								
城市	变量	均值	中位数	最大值	最小值	标准差	偏度	峰度
北京	经济总量（GDP）	12829.87	12153	23013.6	3663.1	6418.559	0.1171	1.7647
	资本数量（CQ）	5502.133	5256.2	8490	229.93	2127.687	0.0247	1.6623
	消费支出（CE）	7513.6	6753.7	14503.6	1967.87	4183.04	0.2748	1.8116
	地质灾害直接经济损失（DEL）	25.5385	2	130	0	41.2889	1.5687	3.2745
	自然灾害损失（LND）	157230.8	0	1710000	0	468887.7	3.1213	10.8673
	地质灾害防治投资（IDP）	2852.154	320	10000	0	4225.745	1.083	2.3361
天津	经济总量（GDP）	8726.935	7521.9	16538.2	2447.66	5002.485	0.2649	1.6374
	资本数量（CQ）	6303.062	5459.9	12023.4	1320.47	3810.633	0.2209	1.5278
	消费支出（CE）	3527.927	2873.1	7155.7	1133.69	1948.213	0.5434	2.0011
	地质灾害直接经济损失（DEL）	3.8462	0	50	0	13.8675	3.1754	11.0833
	自然灾害损失（LND）	27846.15	0	325000	0	89405.3	3.1603	11.0243
	地质灾害防治投资（IDP）	331.1538	150	1243	0	379.0789	1.1705	3.4152

续表

板块 B：分城市情况下的描述性统计结果								
上海	经济总量（GDP）	15473.22	15046.5	25123.5	6250.81	6219.003	0.0339	1.7408
	资本数量（CQ）	6418.318	6766	9550.8	2957.2	2080.069	-0.2285	1.8622
	消费支出（CE）	8405.565	7718.8	14853.5	2769.74	4063.718	0.1466	1.7049
	地质灾害直接经济损失（DEL）	—	—	—	—	—	—	—
	自然灾害损失（LND）	12307.69	0	52000	0	19631.54	0.9836	2.2128
	地质灾害防治投资（IDP）	2643.846	896	6319	320	2353.636	0.3969	1.4706
重庆	经济总量（GDP）	7789.085	6652.75	15717.3	2327.08	4620.387	0.3791	1.77
	资本数量（CQ）	4412.253	3975.83	8438	1313.2	2432.559	0.2744	1.7152
	消费支出（CE）	3861.896	3598.84	7503.2	1415.31	2050.176	0.42556	1.8881
	地质灾害直接经济损失（DEL）	19991	7750	54719	3273	19258.09	0.8774	2.1127
	自然灾害损失（LND）	282923.1	0	985000	0	357793.7	0.6957	1.9733
	地质灾害防治投资（IDP）	28941.62	26290	66233	3436	21936.29	0.3911	1.7199

图表来源：根据研究需要自制。

偏度是描述某变量取值分布对称性的主要统计量，一般同正态分布进行比较。若变量数据服从正态分布的话，则基于三阶中心矩公式计算出的数据分布偏度值将等于 0。如果偏度值高于 0，则表明具有较大的正偏差数值，此时可判定样本数据的分布图为右偏或正偏，即数据分布的长尾拖在右边；如果偏度值低于 0，则说明具有较大的负偏差数值，此时可判定样本数据的分布图为左偏或负偏，即数据分布的长尾拖在左边。从表 4-1 中具体偏度值来看，所有变量的偏度值的绝对值均接近于 0，因而可以近似视为服从正态分布。此外，多数变量为右偏，仅上海的资本数量表现为左偏。

峰度是描述某变量所有取值分布形态陡缓程度的统计量，峰度趋于 0，说明样本数据的分布表现出了同正态分布相同的陡缓程度；若峰度值高于 0，则说明样本数据的分布图的高峰，相比正态分布更加陡峭，表现为尖顶峰；若峰度值低于 0，则说明样本数据的分布图的高峰，相比正态分布更平坦，为平顶峰。从表 4-1 中的具体峰度值来看，可知少数变量的数据峰度值大幅度偏离 0，且为正，可见其分布表现为非常陡峭的尖顶峰，而大多数变量的顶峰则稍缓和，接近于正态分布。

根据描述性统计情况可知，本节研究所选的 4 个直辖市样本变量数据大多近似接近于正态分布，因而具有较好的代表性与普适性，可以用于接下来进一步的研究。

3. 模型确定

1）单位根检验

单位根检验首先从水平序列（未进行过差分或别的变化的数据序列）开始检验。如果存在单位根，就检验一阶差分后的序列的单位根存在情况。如果一阶差分变化后序列仍存在单位根，则在二阶差分后继续进行单位根检验，以此类推，直至序列平稳。本节将采用第 3 章中所述的五种面板数据单位根检验方法，并分别在趋势截距模式、截距模式、无趋势无截距模式下检验各变量的单位根存在情况。此外，针对分城市情况则采用 ADF 单位根检验法。通过观察变量时序图（见附录 3）可知，全样本下 GDP、CQ、CE 和 IDP 等变量均既具有趋势又拥有截距；而变量 DEL 和 LND 则既无趋势又无截距。因此，需在不同的要求下进行单位根检验。

当全部方法得到的检验结果均拒绝“存在单位根”的零假设时（本节研究中当 P 值小于或等于 0.1 时），可判断变量不存在单位根，数据是平稳的。

从表 4-2 中板块 A 的单位根检验结果可知，全样本下除 LND 变量为零阶单整外，其他变量均为一阶单整。因此，在后文中进行回归时，需对各变量进行一阶序列变换。

从表 4-2 中板块 B 的单位根检验结果可知，分城市情况下，多数变量为一阶单整，仅极个别变量为零阶单整。因此，在后文中进行回归时，需对各变量进行一阶序列变换。

表 4-2　地质灾害防治投资为解释变量时各变量的单位根检验结果

板块 A：全样本下的单位根检验结果							
变量	差分阶数	LLC（*P* 值）	Breintung（*P* 值）	IPS（*P* 值）	ADF-Fisher（*P* 值）	PP-Fisher（*P* 值）	单位根存在性
经济总量（GDP）一阶	未差	0.001	0.5364	0.2034	0.2444	0.0067	存在
	0.0000	0.0002	0.0001	0.0005	0.0000	不存在	
资本数量（CQ）一阶	未差	0.1684	0.33	0.5379	0.6579	0.6512	存在
	0.0000	0.0071	0.0045	0.0104	0.0004	不存在	
消费支出（CE）一阶	未差	0.0000	0.9801	0.061	0.0583	0.4479	存在
	0.0000	0.0072	0.0000	0.0000	0.0000	不存在	
地质灾害直接经济损失（DEL）一阶	未差	0.1712	—	—	0.417	0.1666	存在
	0.0000	—	—	0.0000	0.0000	不存在	
自然灾害损失（LND）	未差	0.0001	—	—	0.0005	0.0006	不存在
地质灾害防治投资（IDP）一阶	未差	0.0000	0.2076	0.0129	0.0123	0.0002	存在
	0.0000	0.0463	0.0005	0.0018	0.0000	不存在	

续表

板块 B：分城市情况下的单位根检验结果					
城市	变量	差分阶数	ADF-Fisher *t* 值	ADF-Fisher *P* 值	单位根存在性
北京	经济总量（GDP）	未差	-3.9772	0.0521	不存在
	资本数量（CQ）	未差	-2.2717	0.4158	存在
		一阶	-3.5387	0.0856	不存在
	消费支出（CE）	未差	-1.6999	0.0687	存在
		一阶	-3.8605	0.0143	不存在
	地质灾害直接经济损失（DEL）	未差	-0.8232	0.3383	存在
		一阶	-5.1713	0.0001	不存在
	自然灾害损失（LND）	未差	-2.9521	0.0069	不存在
	地质灾害防治投资（IDP）	未差	-1.313	0.8315	存在
		一阶	-3.9209	0.0251	不存在
天津	经济总量（GDP）	未差	-2.4497	0.3413	存在
		一阶	-3.7071	0.0681	不存在
	资本数量（CQ）	未差	-2.0754	0.5068	存在
		一阶	-3.8836	0.0537	不存在
	消费支出（CE）	未差	-2.3409	0.3802	存在
		一阶	-10.0058	0.0001	不存在
	地质灾害直接经济损失（DEL）	未差	—	—	—
	自然灾害损失（LND）	未差	-3.1236	0.0048	不存在
	地质灾害防治投资（IDP）	未差	-2.5379	0.3084	存在
		一阶	-3.1362	0.038	不存在
上海	经济总量（GDP）	未差	-3.2642	0.124	存在
		一阶	-3.2283	0.0379	不存在
	资本数量（CQ）	未差	-1.6934	0.6903	存在
		一阶	-3.5641	0.0248	不存在
	消费支出（CE）	未差	-2.5667	0.298	存在
		一阶	-3.205	0.0451	不存在
	地质灾害直接经济损失（DEL）	未差	—	—	—
	自然灾害损失（LND）	未差	-1.4499	0.131	存在
		一阶	-3.9243	0.0012	不存在
	地质灾害防治投资（IDP）	未差	-3.2138	0.0342	不存在

续表

重庆	经济总量（GDP）	未差	−2.0002	0.5434	存在
		一阶	−3.5625	0.0885	不存在
	资本数量（CQ）	未差	−2.4323	0.3483	存在
		一阶	−3.1405	0.0425	不存在
	消费支出（CE）	未差	−1.8329	0.6266	存在
		一阶	−3.8887	0.0013	不存在
	地质灾害直接经济损失（DEL）	未差	−5.0593	0.0109	不存在
	自然灾害损失（LND）	未差	−1.2229	0.1904	存在
		一阶	−3.7899	0.0014	不存在
	地质灾害防治投资（IDP）	未差	−2.4111	0.3555	存在
		一阶	−3.6355	0.0876	不存在

图表来源：根据研究需要自制。

2）协整检验

针对面板数据的协整检验方法主要包括Pedroni检验法、Kao检验法和Johansen检验法。鉴于本节研究面板数据的特征，在EViews中使用Johansen检验能得到更好的变量协整检验结果，因此，采用该方法用于协整检验，针对各城市的时间序列数据亦采用该方法。表4-3展示了本节研究中全样本与分城市情况下，各被解释变量同解释变量地质灾害防治投资之间协整关系的存在情况。本节研究中设定当P值小于或等于0.1时，拒绝“变量间不存在协整关系”的零假设，从而判定变量间存在协整关系。

表 4-3　地质灾害防治投资为解释变量时根据 Johansen 检验得出的协整检验结果

解释变量：地质灾害防治投资（IDP）					
板块 A：全样本下的协整关系检验结果					
被解释变量		全部变量差分阶数	Fisher Stat（来自迹检验）	*P* 值	协整关系存在性
经济总量（GDP）		一阶差分	15.17	0.056	存在
资本数量（CQ）		一阶差分	20.96	0.0072	存在
消费支出（CE）		一阶差分	23.61	0.0027	存在
地质灾害直接经济损失（DEL）		一阶差分	31.86	0.0000	存在
自然灾害损失（LND）		未差分	40.51	0.0000	存在
板块 B：分城市情况下的协整关系检验结果					
城市	被解释变量	全部变量差分阶数	迹检验值	*P* 值	协整关系存在性
北京	经济总量（GDP）	未差分	16.0713	0.1	存在
	资本数量（CQ）	一阶差分	17.3848	0.0689	存在
	消费支出（CE）	一阶差分	23.4768	0.0089	存在
	地质灾害直接经济损失（DEL）	一阶差分	28.7045	0.0013	存在
	自然灾害损失（LND）	未差分	23.9623	0.0052	存在
天津	经济总量（GDP）	一阶差分	3.3249*	0.0375	存在
	资本数量（CQ）	一阶差分	17.1492	0.0741	存在
	消费支出（CE）	一阶差分	26.8318	0.0026	存在
	地质灾害直接经济损失（DEL）	未差分	—	—	—
	自然灾害损失（LND）	未差分	3.3076*	0.0379	存在
上海	经济总量（GDP）	一阶差分	5.5225*	0.0188	存在
	资本数量（CQ）	一阶差分	19.8345	0.0313	存在
	消费支出（CE）	一阶差分	3.1953*	0.0738	存在
	地质灾害直接经济损失（DEL）	未差分	—	—	—
	自然灾害损失（LND）	一阶差分	30.1059	0.0007	存在
重庆	经济总量（GDP）	一阶差分	3.1965*	0.0738	存在
	资本数量（CQ）	一阶差分	3.7317*	0.0534	存在
	消费支出（CE）	一阶差分	—	—	—
	地质灾害直接经济损失（DEL）	未差分	33.5451	0.0002	存在
	自然灾害损失（LND）	一阶差分	28.0614	0.0017	存在

注：* 表示至多存在一个 CE(s) 假设。

图表来源：根据研究需要自制。

从表 4-3 中可知，多数情况下被解释变量同作为解释变量的地质灾害防治投资之间存在协整关系。

3）模型形式选择

第一，全样本下面板数据模型的形式选择。使用 Hausman 检验确定模型影响形式，回归暂用普通最小二乘法进行。本节研究中设定若 Hausman 检验结果中的 P 值大于或等于 0.1，则应接受“随机影响模型中个体影响与解释变量不相关”的零假设，从而将模型设定为随机模型，否则设定为固定效应模型。具体的 Hausman 检验结果见表 4-4 所示。

表 4-4　地质灾害防治投资为解释变量时的 Hausman 检验结果

解释变量：地质灾害防治投资（IDP）				
被解释变量	全部变量差分阶数	Chi-Sq. 值	P 值	模型影响形式
经济总量（GDP）	一阶差分	3.6195	0.0571	固定效应
资本数量（CQ）	一阶差分	8.8229	0.003	固定效应
消费支出（CE）	一阶差分	1.9842	0.1589	随机效应
地质灾害直接经济损失（DEL）	一阶差分	25.105	0.0000	固定效应
自然灾害损失（LND）	未差分	0.2152	0.6427	随机效应

图表来源：根据研究需要自制。

若选择固定效应模型，则利用虚拟变量最小二乘法（LSDV）进行估计；若选择随机效应模型，则利用广义最小二乘法（FGLS）进行估计（Greene，2000）。这些方法可以最大可能地利用面板数据的优点减少估计误差。

接着选择模型的具体形式，理论与方法说明可参考第 3 章的相关内容。具体的 F 检验结果见表 4-5 所示。

表 4-5　地质灾害防治投资为解释变量时的 F 检验结果

解释变量：地质灾害防治投资（IDP）				
被解释变量	全部变量差分阶数	H_1	H_2	模型形式
经济总量（GDP）	一阶差分	接受	拒绝	变截距模型
资本数量（CQ）	一阶差分	接受	拒绝	变截距模型
消费支出（CE）	一阶差分	接受	拒绝	变截距模型
地质灾害直接经济损失（DEL）	一阶差分	—	接受	不变参数模型
自然灾害损失（LND）	未差分	—	接受	不变参数模型

图表来源：根据研究需要自制。

据表 4-5 中结果显示，本节研究主要可选择变截距模型与不变参数模型两类模型形式进行回归检验。

具体的模型形式：

$$\mathrm{GDP}_t = m + \alpha_t^* + \beta \cdot \mathrm{IDP}_t + u_t \tag{4-14}$$

$$\mathrm{CQ}_t = m + \alpha_t^* + \beta \cdot \mathrm{IDP}_t + u_t \tag{4-15}$$

$$\mathrm{CE}_t = m + \alpha_t^* + \beta \cdot \mathrm{IDP}_t + u_t \tag{4-16}$$

$$\mathrm{DEL}_t = \alpha + \beta \cdot \mathrm{IDP}_t + u_t \tag{4-17}$$

$$\mathrm{LND}_t = \alpha + \beta \cdot \mathrm{IDP}_t + u_t \tag{4-18}$$

第二，分城市情况下，时间序列模型的形式选择。分城市情况下，每个直辖市的数据转化为时间序列，因为各变量的时序图显示其为非平稳的时间序列，因此，针对每个直辖市的检验将采用误差修正模型（ECM）进行估计。

运用误差修正模型需以数据单位根检验、协整检验、残差平稳性检验的完成和通过为基础。因为前文已完成单位根检验和协整检验，结果显示各变量多为一阶单整，且目标解释变量同被解释变量之间，在一阶差分的情形下存在协整关系，所以在此仅继续进行残差平稳性检验。

对于残差平稳性检验，主要利用最小二乘法估计模型，得到残差 e，然后对残差进行 ADF 检验。具体检验结果见表 4-6 所示。

表 4-6　分城市情况下地质灾害防治投资为解释变量时的残差平稳性检验结果

<table>
<tr><td colspan="8">解释变量：地质灾害防治投资（IDP）</td></tr>
<tr><td>城市</td><td>被解释变量</td><td>全部变量差分阶数</td><td>ADF 检验</td><td>1%临界值</td><td>5%临界值</td><td>10%临界值</td><td>平稳性</td></tr>
<tr><td rowspan="5">北京</td><td>经济总量（GDP）</td><td>未差分</td><td>-2.8322</td><td rowspan="9">-3.122</td><td rowspan="9">-3.1449</td><td rowspan="9">-2.7138</td><td>平稳</td></tr>
<tr><td>资本数量（CQ）</td><td>一阶差分</td><td>-2.9544</td><td>平稳</td></tr>
<tr><td>消费支出（CE）</td><td>一阶差分</td><td>-2.7886</td><td>平稳</td></tr>
<tr><td>地质灾害直接经济损失（DEL）</td><td>一阶差分</td><td>-2.848</td><td>平稳</td></tr>
<tr><td>自然灾害损失（LND）</td><td>未差分</td><td>-3.3005</td><td>平稳</td></tr>
<tr><td rowspan="5">天津</td><td>经济总量（GDP）</td><td>一阶差分</td><td>-3.0757</td><td>平稳</td></tr>
<tr><td>资本数量（CQ）</td><td>一阶差分</td><td>-2.7867</td><td>平稳</td></tr>
<tr><td>消费支出（CE）</td><td>一阶差分</td><td>-3.0499</td><td>平稳</td></tr>
<tr><td>地质灾害直接经济损失（DEL）</td><td>未差分</td><td>-3.7918</td><td>平稳</td></tr>
<tr><td>自然灾害损失（LND）</td><td>未差分</td><td>-3.442</td><td>-3.2971</td><td>-3.2127</td><td>-2.7477</td><td>平稳</td></tr>
<tr><td rowspan="5">上海</td><td>经济总量（GDP）</td><td>一阶差分</td><td>-3.516</td><td rowspan="3">-5.1249</td><td rowspan="3">-3.9334</td><td rowspan="3">-3.42</td><td>平稳</td></tr>
<tr><td>资本数量（CQ）</td><td>一阶差分</td><td>-3.5614</td><td>平稳</td></tr>
<tr><td>消费支出（CE）</td><td>一阶差分</td><td>-3.6188</td><td>平稳</td></tr>
<tr><td>地质灾害直接经济损失（DEL）</td><td>未差分</td><td>—</td><td>—</td><td>—</td><td>—</td><td>—</td></tr>
<tr><td>自然灾害损失（LND）</td><td>一阶差分</td><td>-3.9008</td><td>-3.122</td><td>-3.1449</td><td>-2.7138</td><td>平稳</td></tr>
<tr><td rowspan="5">重庆</td><td>经济总量（GDP）</td><td>一阶差分</td><td>-3.5335</td><td rowspan="2">-5.5219</td><td rowspan="2">-3.1078</td><td rowspan="2">-3.515</td><td>平稳</td></tr>
<tr><td>资本数量（CQ）</td><td>一阶差分</td><td>-3.9608</td><td>平稳</td></tr>
<tr><td>消费支出（CE）</td><td>一阶差分</td><td>-3.4745</td><td>-5.8352</td><td>-3.2465</td><td>-3.5905</td><td>平稳</td></tr>
<tr><td>地质灾害直接经济损失（DEL）</td><td>未差分</td><td>-6.1549</td><td>-5.1249</td><td>-3.9334</td><td>-3.42</td><td>平稳</td></tr>
<tr><td>自然灾害损失（LND）</td><td>一阶差分</td><td>-3.8537</td><td>-3.9923</td><td>-3.8753</td><td>-3.3883</td><td>平稳</td></tr>
</table>

图表来源：根据研究需要自制。

根据表 4-6 中的残差平稳性检验结果，可以发现除上海市的地质灾害直接经济损失同地质灾害防治投资之间的回归残差无法判断是否平稳之外，其他结果均显示残差具有平稳的特征。因此，可以进一步建立误差修正模型开展实证检验工作。

利用残差项可构建误差修正模型：

$$\Delta Y_t = \gamma_1 \cdot \Delta X_t + \gamma_2 \cdot e_{t-1} + C \tag{4-19}$$

4.2.2 城市地质灾害防治投资对灾害损失的实证影响

城市地质灾害是因为城市地质环境发生变异，而直接或间接恶化环境、降低环境质量、危害居民与生物圈发展的地质事件，一般包括对生命财产安全造成危害和潜在威胁的自然与人为地质现象。

从成因方面分类，城市地质灾害可分为自然引发和人为引发的地质灾害两大类。自然地质灾害涉及天然的崩塌、滑坡和泥石流等；人为地质灾害则主要由人为作用诱发，例如修路开挖诱发的滑坡（中里滑坡）、抽水引起的地面沉降（上海）、水库蓄水诱发的地震（新丰江）等。

与自然地质灾害相比，人为地质灾害变得日趋显著。特别是在城市地区，由于人口的急剧增加，需求不断增长，推动经济开发的活动愈演愈烈，大量不合理的城市活动使得地质环境日益恶化，滋生了诸多人为或次生地质灾害，社会影响极其深重（韩笑等，2016）。

总的来看，面对地质灾害防治工作的地质灾害防治投资，对于预防地质灾害发生或减轻地质灾害风险损失具有正效应。但是因为地质灾害形成机制的复杂性和巨大损失的不可抗拒性，可能会导致地质灾害防治投资的功能不易得到发挥。

因此，在这种情况下将出现投资的灾害防减效应不明显的现象。另外，地质灾害防治投资对地质灾害的防范作用影响拥有“尺度效应”，具体的又包括“短尺度”和“长尺度”两类效应。

接下来将展示本节研究中地质灾害防治投资对于灾害损失的影响的具体现实情况与模型检验结果，同时结合理论知识和实证结果进行具体分析。

图 4-2 展示了我国 4 个直辖市 2003—2015 年的地质灾害防治支出和地质灾害发生情况。其中横坐标中 1~13 段为北京的基本情况，14~26 段为天津的基本情况，27~39 段为上海的基本情况，而 40~52 段为重庆的主要情况（下文的这类图亦是如此安排）。总的来看，2003—2015 年期间，4 个直辖市用于地质灾害防治的支出基本呈上升走势，反映出城市对地质灾害的重视程度的提升，其差异仅在增加幅度的不同。由于自然条件存在差异，北京、天津、上海三个城市的地质灾害发生次数较少，相应的每年需要投入的防灾支出水平亦较低；而属山地地形的重庆发生的地质灾害次数则较多，从而每年用于地质灾害防治的支出水平亦相对较高。

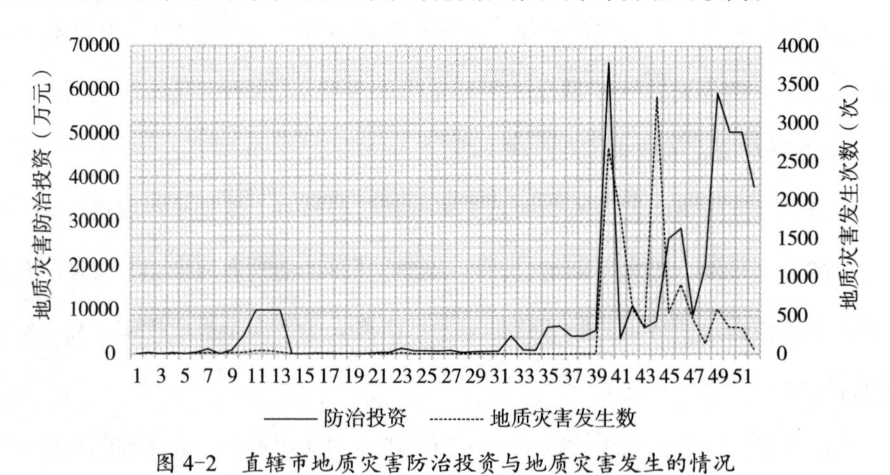

图 4-2 直辖市地质灾害防治投资与地质灾害发生的情况

图表来源：根据研究需要自制。

从图 4-2 中两条曲线的总体趋势来看，直辖市的地质灾害发生次数同地质灾害防治投资之间，表现出了相反的变化走势，即高防治投资带来了更低的灾害发生次数，可见地质灾害防治投资对于预防地质灾害发生具有积极的影响。但是，同时亦存在少数地质灾害发生次数同地质灾害防治投资同增的特殊情况，这些特殊情况则体现出了地质灾害的突发性特征，加上应对措施从出台到发生作用存在一定的时滞，从而出现了这类特殊情况。因此，地质灾害防治投资对地质灾害发生次数的降低影响具有两种情况：第一，当年投入当年即可起到预防灾害的作用；第二，当年投入次年或更靠后年度发挥抑制灾害的功能。此外，地质灾害发生情况对于地质灾害防治投资的增长具有推动作用。

图 4-3 展示了直辖市地质灾害防治投资与地质灾害造成人员伤亡的主要情况，图中曲线走势显示地质灾害防治投资对于地质灾害人员伤亡的影响更为复杂。整体来看，地质灾害防治支出同地质灾害人员伤亡之间的短期反向走势变得弱化了许多，甚至在很多年份出现了同增同减的情况；而地质灾害防治支出对地质灾害造成人员伤亡长期减少的影响则增强了不少，地质灾害防治投资发挥作用的时滞长至 2~3 年。

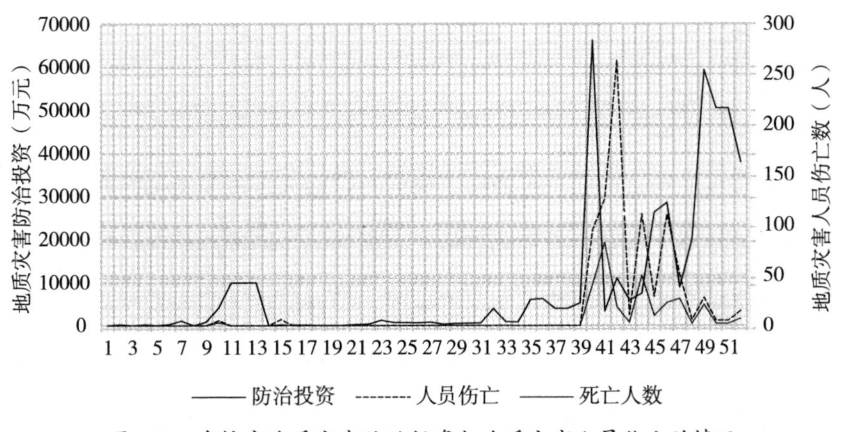

图 4-3　直辖市地质灾害防治投资与地质灾害人员伤亡的情况

图表来源：根据研究需要自制。

图 4-4 展示了直辖市地质灾害防治投资和地质灾害直接经济损失情况。可以看出，地质灾害防治投资抑制直接经济损失的短期效应变得更加弱化，而其长期效应则变得更加明显，地质灾害防治投资发挥抑制地质灾害直接经济损失的功能的时滞长至 2~3 年。此外，图 4-4 亦反映了城市主体存在被动增加防灾投资的可能，即在地质灾害直接经济损失发生一段时间后，城市主体才增加地质灾害防治支出（该情况在其他灾害损失方面亦存在）。

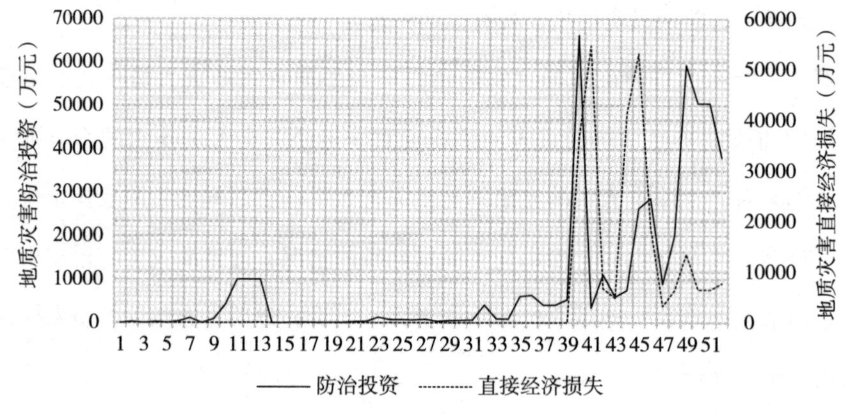

图 4-4 直辖市地质灾害防治投资与地质灾害直接经济损失的情况

图表来源：根据研究需要自制。

图 4-5 展示了直辖市地质灾害防治投资与自然灾害损失情况。北京、天津和上海表现出了地质灾害防治投资同自然灾害损失同增同减的情况，这在很大程度上反映出三座城市被动增加防灾支出的现况，即自然灾害损失发生后才开始追加防治投资；而在重庆方面，地质灾害防治投资同自然灾害损失之间呈现出相反的走势，说明重庆在地质灾害防治方面表现得更加主动，且地质灾害防治投资的短期效应得到了有效的发挥。

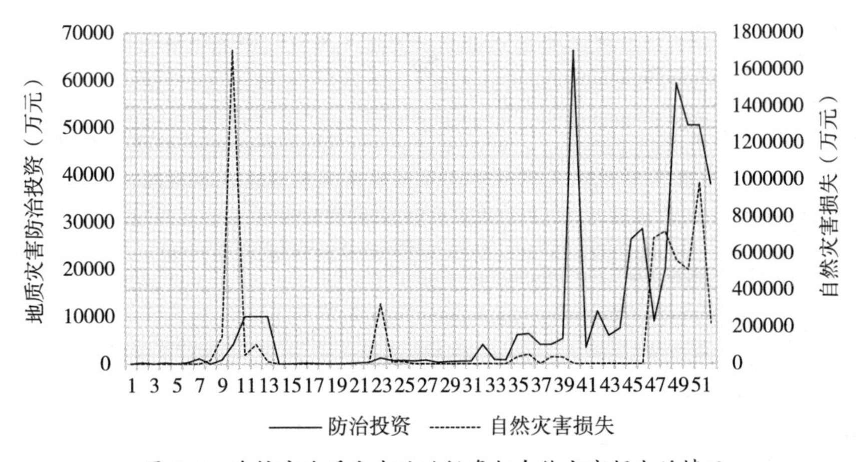

图 4-5 直辖市地质灾害防治投资与自然灾害损失的情况

图表来源：根据研究需要自制。

表 4-7 展示了全样本下灾害损失为被解释变量的模型检验结果，地质灾害防治投资对于地质灾害直接经济损失和自然灾害损失的影响的实证模型检验结果具有较好的统计意义。从中可以看出，短期内地质灾害防治支出是一种经济消耗品，其投入在短时期内只会增加灾害损失。从具体数值来看，地质灾害防治投资每增加 1 万元，在当年将分别增加地质灾害直接经济损失和自然灾害损失约 0.3 万元与 7 万元。究其具体原因，可能在于当年的地质灾害防治投资所进行的工程项目尚处于建设期，来不及发挥出其应有的功能，而在这种情况下，一旦发生灾害，该种投资将直接转化为灾害损失。

当逐步增加 GDP、CQ、CE 等控制变量时（之所以将这些变量考虑为控制变量，是因为这些因素是构成灾害损失的一部分，一般经济越发达，灾害发生时造成的损失将越大），不会影响解释变量的显著性，可见本节实证模型及检验结果具有较好的稳健性（下文解释同此）。

表 4-7　全样本下灾害损失为被解释变量时的模型检验结果

被解释变量	解释变量	控制变量			截距项	R^2	调整的 R^2	DW 值
	dIDP	dGDP	dCQ	dCE				
地质灾害直接经济损失（dDEL）	0.3479*** （3.4435）	—	—	—	1981.127 （1.08）	0.1917	0.1755	1.086
	0.344*** （3.6508）	-0.702*** （-2.912）	—	—	9883.1*** （3.0811）	0.311	0.2828	1.2822
	0.3473*** （3.6827）	—	-1.599*** （-2.894）	—	11033.55*** （3.0936）	0.3097	0.2815	1.2966
	0.3436*** （3.5569）	—	—	-0.9702** （-2.387）	7671.973** （2.5921）	0.2759	0.2463	1.2192
	0.3468*** （3.7625）	-5.246** （-2.009）	2.4785 （1.218）	6.129* （1.888）	11027.27*** （3.1624）	0.3678	0.314	1.4255
自然灾害损失（dLND）	7.0862*** （2.7988）	—	—	—	58480.59 （1.2721）	0.1354	0.1182	1.8203
	7.1365*** （2.8473）	9.1411 （1.425）	—	—	-44379.91 （-0.5201）	0.1698	0.1359	1.899
	7.094*** （2.8389）	—	22.3448 （1.526）	—	-68035.57 （-0.7199）	0.1747	0.141	1.9037
	7.1457*** （2.8398）	—	—	13.5511 （1.28）	-21002.86 （-0.2724）	0.1634	0.1293	1.8871

注：***，**，* 分别表示在 1%、5%、10% 的统计水平下显著。

图表来源：根据研究需要自制。

表 4-8 展示了分城市情况下灾害损失为被解释变量的模型检验结果，可以看出地质灾害防治投资既具有短期内转化为灾害损失的作用，又在长时期内具有抑制灾害损失的功能。

地质灾害防治投资对地质灾害直接经济损失的影响主要有以下几个方面：①短期范围内（当年），北京当年的地质灾害防治投资将提升地质灾害直接经济损失，具有转化效应，转化幅度表现为每增加 1 万元的地质灾害防治投资，其中约 0.005 万元将转化成地质灾害直接经济损失；而长期（滞后 1 年及以上）来看，地质灾害防治投资有利于减轻地质灾害直接经济损失，每增加 1 万元的防治投资，一年后将减轻地质灾害直接经济损失约 0.01 万元，两年后该数值基本不变。此外，仅考虑地质灾害直接经济损失的话，亦可看出北京的地质灾害防治投资具有成本高于收益的问题。②天津、上海和重庆在地质灾害防治投资对于地质灾害直接经济损失的影响方面，模型检验结果则不显著，因而不方便做出判断。

表 4-8　分城市情况下灾害损失为被解释变量时的模型检验结果

被解释变量	城市	解释变量				残差项	截距项	R^2	调整的 R^2	DW 值
		dIDP	dIDP(−1)	dIDP(−2)	dIDP(−3)					
地质灾害经济损失（dDEL）	北京	0.005** （2.002）	−0.01*** （−3.74）	−0.01*** （−3.01）		−1.32** （−2.4）	−11.6132* （−1.994）	0.9211	0.858	1.693
		0.0047 （1.527）	−0.01*** （−2.87）	−0.011* （−1.9）	−0.0009 （−0.11）	−1.311* （−1.8）	−10.3366 （−1.24）	0.9242	0.798	1.699
自然灾害损失（dLND）		457.9*** （5.108）	—	—	—	−2.6*** （−7.3）	−326880.7*** （−3.105）	0.8678	0.8384	2.0143
		456.4*** （3.514）	−6.3121 （−0.12）	—	—	−2.6*** （−6.3）	−312663.8** （−2.37）	0.8695	0.8136	2.024
		431*** （3.782）	−17.6593 （−0.29）	−63.318 （−1.05）	—	−2.5*** （−5.7）	−260613.9 （−1.578）	0.8956	0.812	2.024
地质灾害直接经济损失（dDEL）	天津	不显著								
自然灾害损失（dLND）		399.5*** （11）	—	—	—	−1157.2 （−1.4）	−20878.5* （−1.837）	0.932	0.9169	1.2163
		369.3*** （12.12）	−83.8*** （−2.76）	—	—	−1023.3 （−1.6）	−15002.62 （−1.559）	0.9679	0.9542	1.4529
		365.1*** （10.72）	−98.21** （−2.49）	−36.6358 （−1.04）	—	−1381.4 （−0.4）	−12900.61 （−0.711）	0.975	0.9549	1.906
		370*** （11.7）	−63.8615 （−0.47）	−159.096 （−1.01）	−249.586 （−1.29）	−18950 （−1.3）	−133448.2 （−1.399）	0.9874	0.9663	2.1752

续表

<table>
<tr><th rowspan="2">被解释变量</th><th rowspan="2">城市</th><th colspan="4">解释变量</th><th rowspan="2">残差项</th><th rowspan="2">截距项</th><th rowspan="2">R^2</th><th rowspan="2">调整的 R^2</th><th rowspan="2">DW 值</th></tr>
<tr><th>dIDP</th><th>dIDP(−1)</th><th>dIDP(−2)</th><th>dIDP(−3)</th></tr>
<tr><td>地质灾害直接经济损失（dDEL）</td><td rowspan="3">上海</td><td colspan="9">不显著</td></tr>
<tr><td rowspan="2">自然灾害损失（dLND）</td><td>7.118***
（3.434）</td><td>—</td><td>—</td><td>—</td><td>−1.4***
（−3.6）</td><td>−262.13
（−0.08）</td><td>0.7844</td><td>0.7365</td><td>2.0439</td></tr>
<tr><td>7.315***
（3.96）</td><td>−0.5402
（−0.3）</td><td>—</td><td>—</td><td>−1.4***
（−3.1）</td><td>−906.5093
（−0.225）</td><td>0.7905</td><td>0.7007</td><td>2.0049</td></tr>
<tr><td>地质灾害直接经济损失（dDEL）</td><td rowspan="2">重庆</td><td colspan="9">不显著</td></tr>
<tr><td>自然灾害损失（dLND）</td><td>8.5249
（1.03）</td><td>−1.7008
（−0.23）</td><td>−1.7496*
（−1.92）</td><td>−1.7585
（−0.35）</td><td>−0.5803
（−1.3）</td><td>−28806.6
（−0.19）</td><td>0.7503</td><td>0.3342</td><td>1.805</td></tr>
</table>

注：***，**，* 分别表示在 1%、5%、10% 的统计水平下显著。

图表来源：根据研究需要自制。

地质灾害防治投资对自然灾害损失有以下几个方面的影响：①北京仅表现出显著的短期效应，即地质灾害防治投资每增加 1 万元，将导致自然灾害损失增加约 450 万元，可见地质灾害防治工作与工程存在引发其他自然灾害的可能，而长期效应则不显著。②天津显示出显著的短期效应与长期效应。在短期内，地质灾害每增加 1 万元将增加自然灾害损失近 400 万元；从长期来看，一年后将减少自然灾害损失近 90 万元，两年后该数值变为约 40 万元。可见，单从自然灾害损失方面来看，天津的地质灾害防治投资存在成本高于收益的问题。③上海的地质灾害防治投资对于自然灾害损失只具有短期转化效应。每增加地质灾害防治投资 1

万元，将增加自然灾害损失约 7 万元，该数值远小于北京和天津。④重庆仅表现出较显著的长期效应，且只有在滞后两期的情况下才显著。可见重庆每增加 1 万元的地质灾害防治投资，两年后才会减轻自然灾害损失约 1.7496 万元。

4.2.3 城市地质灾害防治投资对经济发展的实证影响

从投入关系分析，地质灾害防治投资的产品与一般生产活动的实物形态产品不同，地质灾害防治投资是一种不存在实物形态的“安全品”和“信息产品”，是一种服务产品。一般的“安全品”无法实现大生产社会所特有的“产品直接转化为货币资金”的功能。因此，防灾投资这种“安全品”的生产过程与投资周期的顺利实现，需要借助政府与社会等诱发者的货币资金补充来完成，而其自身并不完全具备开展资金回收和进行资金投放的能力（张梁、张业成和高兴和等，2002）。可见，从投资视角出发，地质灾害防治投资的经济效应或影响主要表现是负面的，表现为一种经济消耗品。

从产出角度来分析，作为“安全品”的地质灾害防治投资的具体价值，并非是通过市场竞争中的价格变动来实现，而主要是借助对防灾经济效益的测算来实现。根据相关资料统计和研究报告，防灾的投入和收益比大概处于 1∶10 至 1∶15 的区间范围内（蒋克训等，1996）。防灾投资这种“安全品”的收益，主要表现为通过防减灾活动和工程项目所避免的直接最大可能灾害损失。基于“减负等于加正”规则，防灾所减去的可能灾损可以实现“加正”的社会效益、经济效益与环境效益。

因此，长期保持稳定的地质灾害防治投资水平，可有效地遏制地质环境恶化，并改善地质环境（陈彪等，2008）。根据现代经济学中的“破窗理论”，地质灾害防治投资实施的整个过程，可以引出其他各种投资和消费需求，这无异于为经济增长和发展打了一针强心剂（裘海花，2006）。因此，从产出层面来看，地质灾害防治投资对经济发展的影响为正面影响。

然而，比较受灾和无灾两种不同的状态可以发现，总体上地质灾害防治投资对经济发展的影响仍以负面为主，正面促进作用仍相对微弱。此外，地质灾害防治投资对经济的影响亦具有“尺度效应”特征。因为地质灾害防治投资总体上对经济发展的影响仍以负面影响为主，故地质灾害防治投资对经济影响的尺度效应同样为负面影响（董艳艳、宿星和王国亚，2015）。但是，地质灾害防治投资的经济效应为正或是为负，一般不同条件下会表现出不同的情况，因此需要具体问题具体分析。

1. 城市地质灾害防治投资对资本数量的实证影响

从总体趋势来看，4 个直辖市用于地质灾害防治的投资同整体投资总额间表现出了逐年递增的一致走向。但是具体到不同年份，可以发现每年的投资总额基本按照一定的比率在上升，而地质灾害防治投资的增长则表现出了一定的不确定性，可见 4 个直辖市仍处于被动地进行地质灾害防治的阶段，如图 4-6 所示。

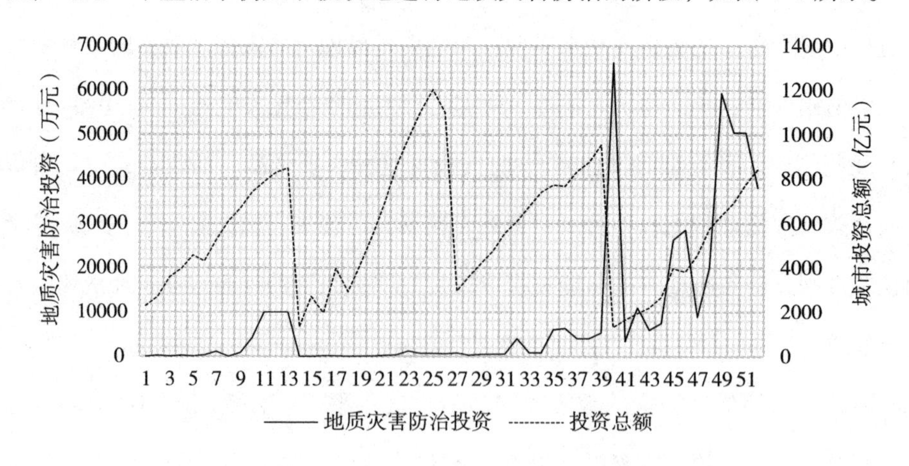

图 4-6　直辖市地质灾害防治投资与投资总额的情况

图表来源：根据研究需要自制。

表 4-9 中，板块 A 展示了全样本下地质灾害防治投资对资本数量的影响。从检验结果可以发现，地质灾害防治投资对于资本数量具有显著的负效应，将一部分资金用于地质灾害防治将减少能用于其他投资的资金数量，地质灾害防治投资对其他投资具有挤出效应。在模型的稳健性方面，当逐步增加生产总值（GDP）和消费支出总量（CE）等变量时，不会影响解释变量地质灾害防治投资（IDP）的显著性，可知模型具有良好的稳健性，检验结果可信度高。

表 4-9 中，板块 B 展示了分城市情况下地质灾害防治投资对资本数量的具体影响，实证结果显示仅上海具有较好的显著程度，其他直辖市的模型检验结果均不显著。单从上海的检验结果来看，地质灾害防治投资对于未来一年后的资本数量具有负效应，说明将挤出一年后的其他投资。可见，地质灾害防治投资对资本数量的影响具有长期效应。

表 4-9　地质灾害防治投资为解释变量而资本数量为被解释变量时的模型检验结果

板块 A：全样本下的检验结果							
被解释变量	解释变量	控制变量		截距项	R^2	调整的 R^2	DW 值
	dIDP	dGDP	dCE				
资本存量（dCQ）	-0.0729^{**} (−2.1756)	—	—	5025.532^{***} (10.8277)	0.1704	0.0998	1.2279
	-0.0023^{*} (1.6825)	0.4481^{***} (15.8624)	—	657.9676^{*} (1.9854)	0.8718	0.8578	1.3275
	-0.0119^{*} (−1.7925)	—	-0.6839^{***} (−9.6177)	1570.24^{***} (3.4922)	0.7245	0.6945	1.1975
	-0.0095^{*} (−1.6607)	1.1362^{***} (17.5681)	-1.2144^{***} (−10.935)	86.7885 (0.4747)	0.9649	0.9603	1.7559

续表

板块 B：分城市情况下的检验结果										
被解释变量	城市	解释变量				残差项	截距项	R^2	调整的 R^2	DW 值
		dIDP	dIDP(−1)	dIDP(−2)	dIDP(−3)					
资本存量（dCQ）	北京	不显著								
	天津	不显著								
	上海	−0.0463（−0.76）	−0.203**（−2.09）	−0.1173（−1.58）	−0.0693（−1.22）	−0.2315（−1.1）	807.6***（3.973）	0.6849	0.1597	2.4229
	重庆	不显著								

注：***，**，* 分别表示在 1%、5%、10% 的统计水平下显著。

图表来源：根据研究需要自制。

2. 城市地质灾害防治投资对消费支出的实证影响

图 4-7 展示了直辖市地质灾害防治投资和消费支出的情况。

从总体趋势来看，4 个直辖市用于地质灾害防治的投资和消费支出水平，表现出了逐年递增的一致走向。但是具体到不同年份，可以发现每年的消费支出基本按照一定的比率上升，而地质灾害防治投资的增长则表现出了一定的不确定性，可见四个直辖市的地质灾害防治投资对于消费支出的影响未表现出一定的规律性，如图 4-7 所示。

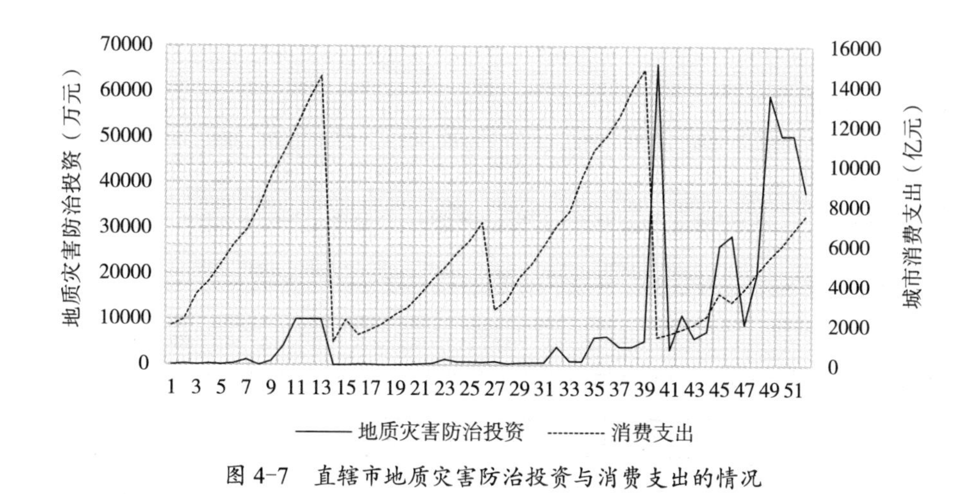

图 4-7　直辖市地质灾害防治投资与消费支出的情况

图表来源：根据研究需要自制。

表 4-10 中，板块 A 展示了全样本下地质灾害防治投资对消费支出的影响。从检验结果可知，地质灾害防治投资对于消费支出具有显著的负效应，可见进行地质灾害防治投资将向社会释放一个不良信号，例如，会推动城市居民减少消费而增加储蓄，以为应对未来灾害发生准备必要的应急资金。在模型的稳健性方面，当逐步增加生产总值（GDP）和资本数量（CQ）等变量时，不会影响解释变量地质灾害防治投资（IDP）的显著性，可知模型具有良好的稳健性，检验结果可信度高。

表 4-10 中，板块 B 展示了分城市情况下地质灾害防治投资对消费支出的主要影响，实证结果显示仅重庆的检验结果不显著，其他城市的检验结果均具有良好的显著度。地质灾害防治投资对消费支出有以下几个方面的影响：①对于北京市来说，地质灾害防治投资的短期效应不显著，而长期将对消费支出产生积极效应，说明地质灾害防治投资通过一系列举措，提升了居民对于未来防减灾能力的信心，从而释放了一部分储蓄资金用于消费。②天津的地质灾害防治投资则具有

短期负效应与长期正效应，且长期的正效应大于短期的负效应，可见天津的地质灾害防治投资对于提升消费支出具有积极效应。③上海的地质灾害防治投资则仅具有长期效应，且为负效应，即当年的地质灾害防治投资将降低未来一年的消费支出。另外，三个直辖市的地质灾害防治投资的长期效应均很有限，当滞后 3 年时，相关结果变得不再显著，甚至还会影响原有变量的显著情况。

表 4-10　地质灾害防治投资为解释变量而消费支出为被解释变量时的模型检验结果

板块 A：全样本下的检验结果

被解释变量	解释变量	控制变量		截距项	R^2	调整的 R^2	DW 值
	dIDP	dGDP	dCQ				
消费支出（dCE）	−0.0892** （−2.228）	—	—	5052.146*** （9.1094）	0.3892	0.3372	1.1971
	−0.0059* （1.8934）	0.5666*** （28.575）	—	−470.3415** （−2.0219）	0.9674	0.9639	1.238
	−0.018* （−1.7364）	—	−0.9765*** （−9.6177）	143.5865 （0.2394）	0.7971	0.7751	1.1667
	−0.0073* （−1.8352）	0.8347*** （31.3033）	−0.5983*** （−10.935）	−76.6837 （0.5526）	0.9911	0.9899	1.6664

板块 B：分城市情况下的检验结果

被解释变量	城市	解释变量				残差项	截距项	R^2	调整的 R^2	DW 值
		dIDP	dIDP(−1)	dIDP(−2)	dIDP(−3)					
消费支出（dCE）	北京	−0.0606 （−1.2）	0.078* （1.858）	0.071* （1.894）	—	0.16*** （2.93）	923.1*** （10.65）	0.7256	0.5061	2.4992
		−0.0805 （−1.32）	0.0607 （1.155）	0.1392* （1.949）	−0.1366 （−1.17）	0.187** （2.4）	936.2*** （8.245）	0.7416	0.311	1.6659
	天津	−0.39*** （−3.06）	0.804*** （3.695）	0.305** （2.391）	—	0.3*** （5.53）	553.6*** （15.11）	0.8674	0.7614	2.5908
		−0.2637 （−1.51）	0.759*** （3.731）	0.3712** （2.46）	0.2597 （1.309）	0.28*** （3.03）	507.1*** （9.42）	0.8875	0.6999	2.106
	上海	0.0077 （0.172）	−0.09** （−2.14）	—	—	0.0306 （0.58）	1076*** （15.09）	0.656	0.5085	1.2304
	重庆	不显著								

注：***，**，* 分别表示在 1%、5%、10% 的统计水平下显著。

图表来源：根据研究需要自制。

3. 城市地质灾害防治投资对经济总量的实证影响

图 4-8 展示了直辖市地质灾害防治投资和经济总量的情况。

从总体趋势来看，4 个直辖市用于地质灾害防治的投资与经济总量水平，表现出了逐年递增的一致走向。但是具体到不同年份，可以发现每年的经济总量基本按照一定的比率在上升，而地质灾害防治投资的增长则表现出了一定的不确定性，可见 4 个直辖市的地质灾害防治投资对于经济总量的影响，亦未表现出一定的规律性。

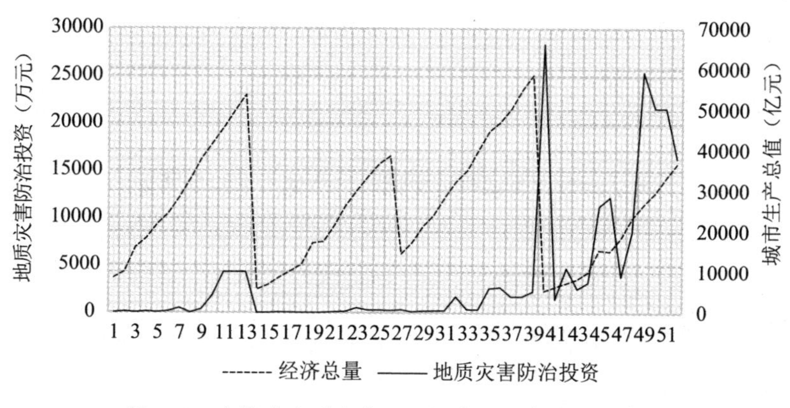

图 4-8　直辖市地质灾害防治投资与经济总量的情况

图表来源：根据研究需要自制。

表 4-11 中，板块 A 展示了全样本下地质灾害防治投资对经济总量的影响。从检验结果可知，地质灾害防治投资对于经济总量具有显著的正效应，可见进行地质灾害防治投资将推动经济总量的增长，真正地发挥了投资推动经济增长的作用。在模型的稳健性方面，当逐步增加资本数量（CQ）和消费支出（CE）变量时，不会影响解释变量地质灾害防治投资（IDP）的显著性，可知模型具有良好的稳健性，检验结果可信度高。

表 4-11 中，板块 B 展示了分城市情况下地质灾害防治投资对经济总量的回归影响，实证结果显示天津和重庆的检验结果不显著，其他直辖市的模型检验结果均具有良好的显著性。在地质灾害防治投资对经济总量的影响方面，上海表现出了同北京完全相反的情况：①北京的地质灾害防治投资对经济具有显著的短期负效应和长期正效应，且短期的的负效应大于长期的正效应，可见北京市还有待提升自身地质灾害防治投资的长期经济推动作用。②上海的地质灾害防治投资对经济的影响则仅具有显著的长期效应，且为负效应，即当年的地质灾害防治投资将降低未来一年的经济总量。另外三个直辖市的地质灾害防治投资的长期经济影响均很有限，当滞后两年时，相关结果将变得不再显著。

表 4-11　地质灾害防治投资为解释变量而经济总量为被解释变量的模型检验结果

板块 A：全样本下的检验结果							
被解释变量	解释变量	控制变量		截距项	R^2	调整的 R^2	DW 值
	dIDP	dCQ	dCE				
经济总量（dGDP）	0.1678**（2.4411）	—	—	9746.538***（10.2341）	0.3336	0.2769	1.2177
	0.0303*（1.68）	1.8867***（15.8624）	—	265.085（0.3747）	0.897	0.8858	1.3173
	0.0188*（1.7133）	—	1.6708***（28.575）	1305.624***（3.5315）	0.9645	0.9606	1.2586
	0.0097*（1.6805）	0.7681***（17.5681）	1.1454***（31.3033）	99.4736（0.6633）	0.9955	0.9949	1.817

续表

板块 B：分城市情况下的检验结果

被解释变量	城市	解释变量				残差项	截距项	R^2	调整的 R^2	DW 值
		dIDP	dIDP(−1)	dIDP(−2)	dIDP(−3)					
经济总量（dGDP）	北京	−0.138**（−2.45）	0.096**（2.036）	0.0588（1.369）	—	0.14***（3.69）	1461***（13.56）	0.7487	0.5477	2.3786
	天津	不显著								
	上海	0.0319（0.82）	−0.11***（−3.18）	—	—	0.0156（0.52）	1624***（26.13）	0.8004	0.7149	1.6709
	上海	0.0443（1.16）	−0.18**（−2.53）	−0.0465（−0.86）	0.0029（0.076）	−0.0426（−0.9）	1735***（16.12）	0.9298	0.8128	1.4672
	重庆	不显著								

注：***，**，* 分别表示在 1%、5%、10% 的统计水平下显著。

图表来源：根据研究需要自制。

4.3 城市工业污染治理投资的经济效应实证分析

工业污染等环境公害事件所导致的社会与经济损失属于人为灾害范畴，因此本节将探讨城市工业污染治理投资这种灾害防范支出的经济影响，以进一步实证防灾的经济效应问题。

4.3.1 城市工业污染治理投资对经济的实证影响模型构建

1. 指标选取

本节拟借助我国 4 个直辖市的相关数据，实证探讨城市工业污染治理投资的经济效应，将具体分析直辖市工业污染治理投资对灾害损失、资本数量、消费支出，以及经济总量的影响。因此，以上四类变量将成为本节实证研究中的被解释变量，而工业污染治理投资则为主要的解释变量。

本节选择指标主要考虑两个标准：一是理论标准，即根据已有理论、研究文献梳理选择研究需要的指标；二是考虑我国的现实情况筛选指标和变量，例如具体数据的可获得性。

本节的研究过程中，对相关变量进行如下设定：

GDP（gross domestic product）为城市经济总量指标，代表一定时期内城市社会最终产品的价值，用城市生产总值水平衡量。

CQ（capital quantity）为城市资本数量指标，用城市年末资本总额水平来表示，反映的是一定时期内城市全部可利用的资本水平。

CE（consumption expenditure）为城市消费支出指标，用一定时期内城市的消费支出数额来表示，消费支出的变化用于反映城市消费支出的变化。

LND（loss of natural disaster）为城市自然灾害损失指标，反映的是城市全部自然灾害所带来的经济损失情况（因为工业污染在一定程度上，将融入自然因素引发自然灾害损失）。

EEE（emergency environmental events）为城市突发环境事件指标，间接反映了环境灾害造成城市损失的情况。

IPC（investment in industrial pollution control）为城市工业污染治理投资指标，是城市政府为防范和减轻环境污染灾害损失及发生风险，而支付的财政专项经费，主要用于环境污染防灾项目建设，具体涉及污染治理、宣传教育、监测机构的日常支出等方面，包括用于废水、固体废弃物、废气、噪声污染等的治理支出。本节研究用现实统计工作中存在的“工业污染治理完成投资”这一指标数据来衡量 IPC。

2. 数据说明

本节选取我国 4 个直辖市作为实证研究样本，主要存在两点选取理由：一方面，本节主要研究目标在于通过进行城市间的比较，找出城市工业污染治理投资的经济效应在城市间表现出的差异性；另一方面，我国仅直辖市存在工业污染治理投资方面的具体数据统计，而其他类型城市不存在这方面的统计数据。

本节所使用的数据主要来源于《中国城市统计年鉴》《中国城市年鉴》《中国城市发展报告》《中国环境统计年鉴》《中国统计年鉴》，和各省以及各城市的统计年鉴。此外，部分数据则取自《中国民政事业发展报告》《中国民政年鉴》《中国灾情报告》。其数据的时间跨度为 2003—2015 年，以 2003 年为基期。

表 4-12 展示了 4 个直辖市样本变量数据的描述性统计情况，具体给出了均值、中位数、最大值、最小值、标准差、偏度与峰度几项指标。

表 4-12　工业污染治理投资为解释变量时的直辖市数据描述性统计

板块 A：全样本下的描述性统计结果							
变量	均值	中位数	最大值	最小值	标准差	偏度	峰度
经济总量（GDP）	11204.78	10427.2	25123.5	2327.08	6289.79	0.4067	2.1816
资本数量（CQ）	5658.942	5514.195	12024.4	1314.2	2747.258	0.2991	2.2395
消费支出（CE）	5827.247	4979.58	14854.5	1134.69	3825.758	0.8648	2.734
自然灾害损失（LND）	120076.9	0	1710000	0	309942.4	3.4246	15.7041
突发环境事件（EEE）	38.8077	10	420	0	77.5965	3.1305	13.5971
工业污染治理投资（IPC）	90549.17	76598.5	240072	10945	57246.98	0.8451	2.8609

续表

板块 B：分城市情况下的描述性统计结果								
城市	变量	均值	中位数	最大值	最小值	标准差	偏度	峰度
北京	经济总量（GDP）	12829.87	12153	23014.6	3663.1	6418.559	0.1171	1.7647
	资本数量（CQ）	5502.133	5256.2	8490	229.93	2127.687	0.0247	1.6623
	消费支出（CE）	7513.6	6753.7	14503.6	1967.87	4183.04	0.2748	1.8116
	自然灾害损失（LND）	157230.8	0	1710000	0	468887.7	3.1213	10.8673
	突发环境事件（EEE）	45.3077	15	420	0	113.4257	3.0931	10.7636
	工业污染治理投资（IPC）	62929.02	64065.5	108880.2	10945	33912.96	−0.0396	1.5979
天津	经济总量（GDP）	8726.935	7521.9	16538.2	2447.66	5002.485	0.2649	1.6374
	资本数量（CQ）	6303.062	5459.9	12024.4	1320.47	3810.633	0.2209	1.5278
	消费支出（CE）	3527.927	2873.1	7155.7	1134.69	1948.213	0.5434	2.0011
	自然灾害损失（LND）	27846.15	0	325000	0	89405.3	3.1603	11.0243
	突发环境事件（EEE）	1.0769	1	5	0	1.4979	1.5687	4.6512
	工业污染治理投资（IPC）	157373.1	152848	240072	72545.6	46336.9	−0.1141	2.7651
上海	经济总量（GDP）	15473.22	15046.5	25123.5	6250.81	6219.003	0.0339	1.7408
	资本数量（CQ）	6418.318	6766	9550.8	2957.2	2080.069	−0.2285	1.8622
	消费支出（CE）	8405.565	7718.8	14854.5	2769.74	4063.718	0.1466	1.7049
	自然灾害损失（LND）	12307.69	0	52000	0	19631.54	0.9836	2.2128
	突发环境事件（EEE）	93.9231	86	251	7	84.568	0.4865	1.8809
	工业污染治理投资（IPC）	89761.09	68357	211726	28087.8	53037.12	1.1964	3.4782
重庆	经济总量（GDP）	7789.085	6652.75	15717.3	2327.08	4620.387	0.3791	1.77
	资本数量（CQ）	4412.253	3975.83	8438	1314.2	2432.559	0.2744	1.7152
	消费支出（CE）	3861.896	3598.84	7503.2	1415.31	2050.176	0.42556	1.8881
	自然灾害损失（LND）	282923.1	0	985000	0	357794.7	0.6957	1.9733
	突发环境事件（EEE）	14.9231	11	33	4	8.5971	0.6634	2.4511
	工业污染治理投资（IPC）	52132.89	49384	97396	14192.1	23547.53	0.3673	2.2912

图表来源：根据研究需要自制。

从表 4-12 中板块 A 的具体偏度值来看，全样本下所有变量的偏度值的绝对值均接近于 0，因而可以近似视为服从正态分布。此外，所有变量均为右偏。从表 4-12 中板块 B 的具体偏度值来看，分城市情况下所有变量的偏度值的绝对值均接近于 0，因而可以近似视为服从正态分布。此外，北京和天津的 IPC、上海的 CQ 等变量数据表现为左偏，其他大多数变量为右偏。

从表 4-12 中板块 A 的具体峰度值来看，全样本下自然灾害损失与环境事件变量的数据峰度数值偏离 0 值最大且为正，可见其分布表现为非常陡峭的尖顶峰形状，其他变量的分布曲线顶峰则稍缓和。从表 4-12 中板块 B 的具体峰度值来看，分情况下北京的 LND 和 EEE、天津的 LND 等变量的数据峰度数值偏离 0 值最大且为正，可见其分布表现为非常陡峭的尖顶峰，其他变量的分布曲线顶峰则稍缓和。

根据描述性统计情况可知，本节研究所选直辖市的样本变量数据近似接近于正态分布，因而具有较好的代表性与普适性，可以用于进一步的研究。

3. 模型确定

1）单位根检验

本节研究将采用第 3 章中所述的五种面板数据单位根检验方法，并分别在趋势截距模式、截距模式、无趋势无截距模式下检验各面板数据变量的单位根存在情况。而对于分城市的变量数据则借助 ADF 检验进行。通过观察变量时序图（见附录 4）可知，全样本下 GDP、CQ、CE 和 IPC 等变量均既具有趋势又拥有截距；EEE 变量仅具有截距；而变量 LND 则既无趋势又无截距。因此，需在不同要求下进行单位根检验。

表 4-13　工业污染治理投资为解释变量时的单位根检验结果

板块 A：全样本下的单位根检验结果							
变量	差分阶数	LLC（*P* 值）	Breintung（*P* 值）	IPS（*P* 值）	ADF-Fisher（*P* 值）	PP-Fisher（*P* 值）	单位根存在性
经济总量（GDP）一阶	未差	0.001	0.5364	0.2034	0.2444	0.0067	存在
	0.0000	0.0002	0.0001	0.0005	0.0000	不存在	
资本数量（CQ）一阶	未差	0.1684	0.33	0.5379	0.6512	0.409	存在
	0.0000	0.0071	0.0045	0.0104	0.0004	不存在	
消费支出（CE）一阶	未差	0.0000	0.9801	0.061	0.0583	0.4479	存在
	0.0000	0.0072	0.0000	0.0000	0.0000	不存在	
自然灾害损失（LND）	未差	0.0001	—	—	0.0005	0.0006	不存在
突发环境事件（EEE）	未差	0.0073	—	0.0373	0.0433	0.0429	不存在
工业污染治理投资（IPC）一阶	未差	0.1316	0.3096	0.2739	0.2932	0.5544	存在
	0.0000	0.0000	0.0001	0.0011	0.0000	不存在	

板块 B：分城市情况下的单位根检验结果					
城市	变量	差分阶数	ADF-Fisher（*t* 值）	ADF-Fisher（*P* 值）	单位根存在性
北京	经济总量（GDP）	未差	-3.9772	0.0521	不存在
	资本数量（CQ）	未差	-2.2717	0.4158	存在
		一阶	-3.5387	0.0856	不存在
	消费支出（CE）	未差	-1.6999	0.0687	存在
		一阶	-4.8605	0.0143	不存在
	自然灾害损失（LND）	未差	-2.9521	0.0069	不存在
	突发环境事件（EEE）	未差	-2.7914	0.0096	不存在
	工业污染治理投资（IPC）	未差	-4.7978	0.0049	不存在
天津	经济总量（GDP）	未差	-2.4497	0.3413	存在
		一阶	-3.7071	0.0681	不存在
	资本数量（CQ）	未差	-2.0754	0.5068	存在
		一阶	-3.8836	0.0537	不存在
	消费支出（CE）	未差	-2.3409	0.3802	存在
		一阶	-10.0058	0.0001	不存在
	自然灾害损失（LND）	未差	-3.1236	0.0048	不存在
	突发环境事件（EEE）	未差	-3.4665	0.0295	不存在
	工业污染治理投资（IPC）	未差	-2.2571	0.4222	存在
		一阶	-3.6971	0.0691	不存在

续表

板块 B：分城市情况下的单位根检验结果					
上海	经济总量（GDP）	未差	−3.2642	0.124	存在
		一阶	−4.2283	0.0379	不存在
	资本数量（CQ）	未差	−1.6934	0.6903	存在
		一阶	−4.5641	0.0248	不存在
	消费支出（CE）	未差	−2.5667	0.298	存在
		一阶	−4.205	0.0451	不存在
	自然灾害损失（LND）	未差	−1.4499	0.131	存在
		一阶	−3.9243	0.0012	不存在
	突发环境事件（EEE）	未差	−2.7535	0.0991	不存在
	工业污染治理投资（IPC）	未差	−2.5419	0.3069	存在
		一阶	−5.4677	0.0065	不存在
重庆	经济总量（GDP）	未差	−2.0002	0.5434	存在
		一阶	−3.5625	0.0885	不存在
	资本数量（CQ）	未差	−2.4323	0.3483	存在
		一阶	−4.1405	0.0425	不存在
	消费支出（CE）	未差	−1.8329	0.6266	存在
		一阶	−3.8887	0.0013	不存在
	自然灾害损失（LND）	未差	−1.2229	0.1904	存在
		一阶	−3.7899	0.0014	不存在
	突发环境事件（EEE）	未差	−1.8014	0.3621	存在
		一阶	−3.7927	0.0189	不存在
	工业污染治理投资（IPC）	未差	−2.7457	0.0951	不存在

图表来源：根据研究需要自制。

当全部方法得到的检验结果均拒绝“存在单位根”的零假设时（本研究中当 P 值小于或等于 0.1 时），可判断变量不存在单位根，数据是平稳的。

从表 4-13 中板块 A 的单位根检验结果可知，全样本下除 LND 和 EEE 这两个变量为零阶单整外，其他变量均为一阶单整。因此，在后文中进行回归时需对各变量进行一阶序列变换。根据表 4-13 中板块 B 的单位根检验结果，分城市情况下，多数变量为一阶单整，仅很少数的变量为零阶单整。因此，在后文中进行回归时对各变量进行一阶序列变换，以保持统计分析的一致性。

2）协整检验

鉴于本节研究面板数据的特征，在 EViews 中使用 Johansen 检验能得到最好的变量协整检验结果，因此采用该方法用于协整检验。表 4-14 展示了本节研究全样本与分城市情况下，被解释变量同解释变量工业污染治理投资之间协整关系的存在情况。本节研究设定当 P 值小于或等于 0.1 时，拒绝“变量间不存在协整关系”的零假设，从而判定变量间存在协整关系。

表 4-14　工业污染治理投资为解释变量时的协整检验结果

<table>
<tr><td colspan="6">解释变量：工业污染治理投资（IPC）</td></tr>
<tr><td colspan="6">板块 A：全样本下的协整关系检验结果</td></tr>
<tr><td colspan="2">被解释变量</td><td>全部变量差分阶数</td><td>Fisher Stat（迹检验）</td><td>P 值</td><td>协整关系存在性</td></tr>
<tr><td colspan="2">经济总量（GDP）</td><td>一阶差分</td><td>33.6</td><td>0.0000</td><td>存在</td></tr>
<tr><td colspan="2">资本数量（CQ）</td><td>一阶差分</td><td>33.38</td><td>0.0001</td><td>存在</td></tr>
<tr><td colspan="2">消费支出（CE）</td><td>一阶差分</td><td>35.5</td><td>0.0000</td><td>存在</td></tr>
<tr><td colspan="2">自然灾害损失（LND）</td><td>未差分</td><td>27.81</td><td>0.0005</td><td>存在</td></tr>
<tr><td colspan="2">突发环境事件（EEE）</td><td>未差分</td><td>23.19</td><td>0.0031</td><td>存在</td></tr>
<tr><td colspan="6">板块 B：分城市情况下的协整关系检验结果</td></tr>
<tr><td>城市</td><td>被解释变量</td><td>全部变量差分阶数</td><td>迹检验值</td><td>P 值</td><td>协整关系存在性</td></tr>
<tr><td rowspan="5">北京</td><td>经济总量（GDP）</td><td>未差分</td><td>29.7032</td><td>0.0009</td><td>存在</td></tr>
<tr><td>资本数量（CQ）</td><td>一阶差分</td><td>17.4602</td><td>0.0673</td><td>存在</td></tr>
<tr><td>消费支出（CE）</td><td>一阶差分</td><td>43.9337</td><td>0.0000</td><td>存在</td></tr>
<tr><td>自然灾害损失（LND）</td><td>未差分</td><td>3.3075*</td><td>0.069</td><td>存在</td></tr>
<tr><td>突发环境事件（EEE）</td><td>未差分</td><td>15.8534</td><td>0.0441</td><td>存在</td></tr>
<tr><td rowspan="5">天津</td><td>经济总量（GDP）</td><td>一阶差分</td><td>26.2461</td><td>0.0033</td><td>存在</td></tr>
<tr><td>资本数量（CQ）</td><td>一阶差分</td><td>31.5328</td><td>0.0004</td><td>存在</td></tr>
<tr><td>消费支出（CE）</td><td>一阶差分</td><td>20.246</td><td>0.0273</td><td>存在</td></tr>
<tr><td>自然灾害损失（LND）</td><td>未差分</td><td>14.2</td><td>0.0776</td><td>存在</td></tr>
<tr><td>突发环境事件（EEE）</td><td>未差分</td><td>27..7327</td><td>0.0019</td><td>存在</td></tr>
</table>

续表

板块 B：分城市情况下的协整关系检验结果					
上海	经济总量（GDP）	一阶差分	16.286	0.07849	存在
	资本数量（CQ）	一阶差分	20.9205	0.0217	存在
	消费支出（CE）	一阶差分	10.8483	0.0871	存在
	自然灾害损失（LND）	一阶差分	16.8182	0.0708	存在
	突发环境事件（EEE）	未差分	10.8154	0.0882	存在
重庆	经济总量（GDP）	一阶差分	3.9244*	0.0476	存在
	资本数量（CQ）	一阶差分	16.4732	0.0911	存在
	消费支出（CE）	一阶差分	2.4447*	0.0761	存在
	自然灾害损失（LND）	一阶差分	6.1327*	0.0133	存在
	突发环境事件（EEE）	一阶差分	4.2073	0.0402	存在

注：* 表示至多存在一个 CE(s) 假设。

图表来源：根据研究需要自制。

从表 4-14 的协整关系检验结果可知，各种情况下被解释变量同作为解释变量的工业污染治理投资之间存在协整关系。

3）模型形式选择

第一，全样本下面板数据模型形式选择。本节研究中设定若 Hausman 检验结果中的 P 值大于 0.1，则应接受“随机影响模型中个体影响与解释变量不相关”的零假设，从而将模型设定为随机模型，否则设定为固定效应模型。具体的 Hausman 检验结果见表 4-15 所示。

表 4-15　工业污染治理投资为解释变量时的 Hausman 检验结果

解释变量：工业污染治理投资（IPC）				
被解释变量	全部变量差分阶数	Chi-Sq. 值	P 值	模型影响形式
经济总量（GDP）	一阶差分	1.5575	0.212	随机效应
资本数量（CQ）	一阶差分	0.9707	0.3245	随机效应
消费支出（CE）	一阶差分	1.8655	0.172	随机效应
自然灾害损失（LND）	未差分	0.8207	0.365	随机效应
突发环境事件（EEE）	未差分	0.000033	0.9954	随机效应

图表来源：根据研究需要自制。

若选择固定效应模型，则利用虚拟变量最小二乘法（LSDV）进行估计；若选择随机效应模型，则利用广义最小二乘法（FGLS）进行估计（Greene，2000）。这些方法可以最大可能地利用面板数据的优点减少估计误差。

接着选择模型的具体形式，理论与方法说明可参考第3章中相关内容。具体的 F 检验结果见表4-16所示。

表4-16　工业污染治理投资为解释变量时的 F 检验结果

解释变量：工业污染治理投资（IPC）				
被解释变量	全部变量差分阶数	H_1	H_2	模型形式
经济总量（GDP）	一阶差分	接受	拒绝	变截距模型
资本数量（CQ）	一阶差分	接受	拒绝	变截距模型
消费支出（CE）	一阶差分	接受	拒绝	变截距模型
自然灾害损失（LND）	未差分	—	接受	不变参数模型
突发环境事件（EEE）	未差分	—	接受	不变参数模型

图表来源：根据研究需要自制。

表4-16中结果显示，本节研究主要可选择变截距模型与不变参数模型两类模型形式进行回归检验。

具体的模型形式：

$$\mathrm{GDP}_t = m + \alpha_t^* + \beta \cdot \mathrm{IPC}_t + u_t \tag{4-20}$$

$$\mathrm{CQ}_t = m + \alpha_t^* + \beta \cdot \mathrm{IPC}_t + u_t \tag{4-21}$$

$$\mathrm{CE}_t = m + \alpha_t^* + \beta \cdot \mathrm{IPC}_t + u_t \tag{4-22}$$

$$\mathrm{DEL}_t = \alpha + \beta \cdot \mathrm{IPC}_t + u_t \tag{4-23}$$

$$\mathrm{LND}_t = \alpha + \beta \cdot \mathrm{IPC}_t + u_t \tag{4-24}$$

第二，分城市情况下时间序列模型形式选择。分城市情况下，每个直辖市的数据转化为时间序列，因为各变量的时序图显示其为非平稳的时间序列，因此针对每个直辖市的检验将采用误差修正模型（ECM）进行。

误差修正模型的运用需要先进行数据单位根检验、协整检验、残差平稳性检验。因为前文已完成单位根检验和协整检验，结果显示各变量数据大多为一阶单整，且解释变量同被解释变量在一阶差分的情形下存在协整关系，所以在此仅继续进行残差平稳性检验。具体检验结果见表 4-17 所示。

表 4-17　工业污染治理投资为解释变量时的残差平稳性检验结果

解释变量：工业污染治理投资（IPC）							
城市	被解释变量	全部变量差分阶数	ADF 检验	1%临界值	5%临界值	10%临界值	平稳性
北京	经济总量（GDP）	未差分	-3.9616	-5.2954	-4.0082	-3.4608	平稳
	资本数量（CQ）	一阶差分	-3.6923				平稳
	消费支出（CE）	一阶差分	-4.9666				平稳
	自然灾害损失（LND）	未差分	-3.7582	-4.122	-3.1449	-2.7138	平稳
	突发环境事件（EEE）	未差分	-4.1772				平稳
天津	经济总量（GDP）	一阶差分	-4.1447	-4.9923	-3.8753	-3.3883	平稳
	资本数量（CQ）	一阶差分	-4.074				平稳
	消费支出（CE）	一阶差分	-3.3795				平稳
	自然灾害损失（LND）	未差分	-3.3735	-4.122	-3.1449	-2.7138	平稳
	突发环境事件（EEE）	未差分	-3.7486				平稳
上海	经济总量（GDP）	一阶差分	-3.4946	-4.9923	-3.8753	-3.3883	平稳
	资本数量（CQ）	一阶差分	-4.0108	-5.1249	-3.9334	-3.42	平稳
	消费支出（CE）	一阶差分	-3.5804	-4.9923	-3.8753	-3.3883	平稳
	自然灾害损失（LND）	一阶差分	-2.7469	-4.122	-3.1449	-2.7138	平稳
	突发环境事件（EEE）	未差分	-3.6781	-4.2971	-3.2127	-2.7477	平稳
重庆	经济总量（GDP）	一阶差分	-4.0113	-4.9923	-3.8753	-3.3883	平稳
	资本数量（CQ）	一阶差分	-4.1521				平稳
	消费支出（CE）	一阶差分	-3.8906				平稳
	自然灾害损失（LND）	一阶差分	-3.6278				平稳
	突发环境事件（EEE）	一阶差分	-3.2363	-4.122	-3.1449	-2.7138	平稳

图表来源：根据研究需要自制。

根据表 4-17 中的残差平稳性检验结果，可以发现各城市的变量数据的残差均具有平稳的特征。因此，可以进一步建立误差修正模型开展实证检验工作。

利用残差项可构建误差修正模型：

$$\Delta P_t = k_1 \cdot \Delta Q_t + k_2 \cdot e_{t-1} + C \tag{4-25}$$

4.3.2 城市工业污染治理投资对灾害损失的实证影响

反观近代城市的经济发展历程可知，多数发达国家的城市走的是“先污染后治理”的路径，而鉴于已有的不良经验，发展中国家反倒更倾向于兼顾经济发展与环境保护。以我国为例，环境保护作为一项基本国策由来已久，从 20 世纪 70 年代后期开始，相关主体就已注意到环境污染治理投资对于环境质量改善和保障经济发展基础的重要功能，因而环境污染治理投资早已成为我国执行环保基本国策与推动经济社会可持续发展战略的重要基础和保障（孙荣庆，1999）。总的来看，环境污染治理投资对于预防相关灾害发生和减轻灾害损失及风险具有积极作用。

本节将通过相关关系图阐述我国直辖市工业污染治理投资对突发环境事件、工业污染直接经济损失和自然灾害损失的影响，并展示相应的实证模型检验结果，进而做出具体分析与解释。

图 4-9 展示了 4 个直辖市的工业污染治理完成投资和突发环境事件次数的时间走势。

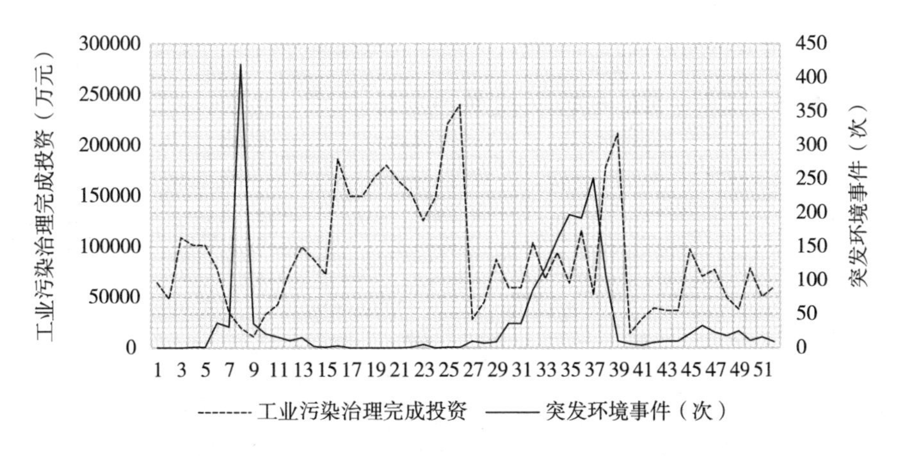

图 4-9　直辖市工业污染治理完成投资与突发环境事件的情况

图表来源：根据研究需要自制。

总的来看，4 个直辖市的工业污染治理完成投资和突发环境事件次数之间呈相反的变化趋势，即突发环境事件次数随着工业污染治理完成投资的增加而减少，反之则随工业污染治理完成投资的减少而增加。其中，上海的情况最为突出，4 个直辖市中上海用于工业污染治理的投资额度最高，其发生突发环境事件的次数亦最少；天津完成的工业污染治理投资额仅次于上海，却未能很好地抑制突发环境事件的发生，说明其未能有效发挥出工业污染治理投资的效用，或者用于工业污染治理的投资尚未达到某一能有效抑制突发环境事件发生的特定值，仍需继续追加治理投资；重庆的情况则表明当前的工业污染治理投资处在能满足抑制环境事件发生的基本需求范围内，但未来仍存在追加治理投资的空间；北京的两条曲线则说明若要有效抑制突发环境事件，则需维持一定的工业污染治理投资水平。

图 4-10 中，由于统计数据存在缺失情况，因而可用于分析的直接经济损失数据只存在几段零散的曲线线段。从天津（27~28）和重庆（40~44）的情况来

看，工业污染直接经济损失与工业污染治理完成投资存在反向变化的关系。上海小段（14~15）则表现为正向变动的走势。

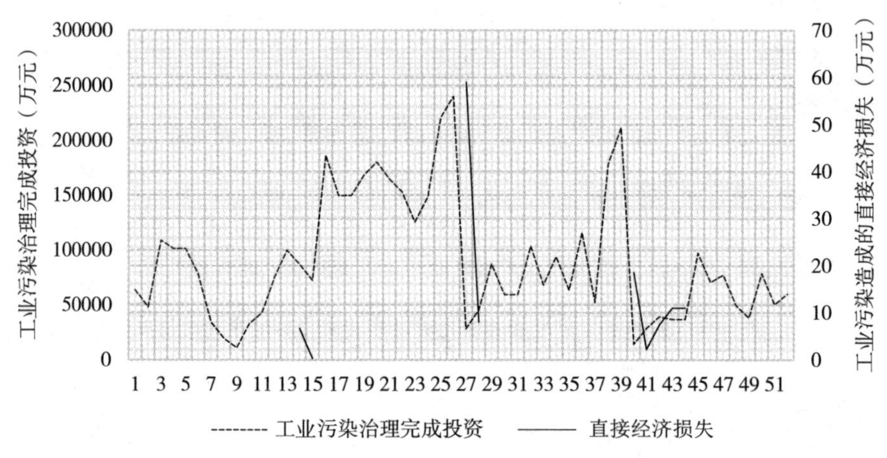

图 4-10　直辖市工业污染治理完成投资与工业污染直接经济损失情况

图表来源：根据研究需要自制。

根据图 4-11，自然灾害损失同工业污染治理完成投资之间存在同增同减的趋势，这在一定程度上反映了直辖市仍处于被动防灾的阶段。但是，上海与重庆在某些时期内则出现过自然灾害损失同工业污染治理完成投资反向变动的走势，下文中的检验结果对这种短期现象亦能进行证明。

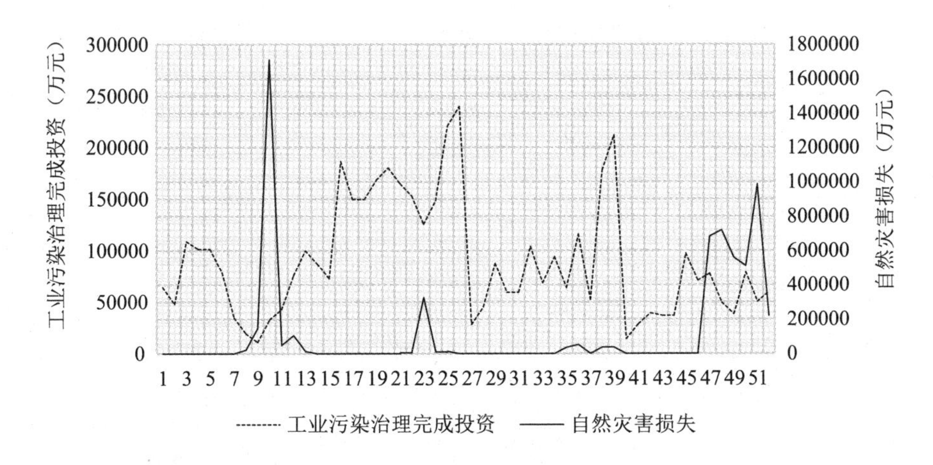

图 4-11　直辖市工业污染治理完成投资与自然灾害损失情况

图表来源：根据研究需要自制。

表 4-18 中展示了全样本下突发环境事件和自然灾害损失为被解释变量的模型检验结果，工业污染治理投资对于突发环境事件和自然灾害损失的影响的实证模型检验结果具有较好的统计意义。从中可以看出，短期内工业污染治理投资能有效减少突发环境事件和自然灾害损失。从具体数值来看，工业污染治理投资每增加 1 万元，在当年将分别减少突发环境事件和自然灾害损失约 0.0003~0.0005 件和 1.3 万 ~2 万元。可见，全样本下工业污染治理投资发挥了较好的作用，取得了高于成本的收益。当逐步增加 GDP、CQ、CE 等控制变量时，不会影响解释变量的显著情况，因此，本节实证模型及检验结果具有较好的稳健性。

表 4-18 全样本下突发环境事件与自然灾害损失为被解释变量时的模型检验结果

被解释变量	解释变量	控制变量			截距项	R^2	调整的 R^2	DW 值
	dIPC	dGDP	dCQ	dCE				
突发环境事件（dEEE）	−0.0003* （−1.67）	—	—	—	63.6373*** （3.173）	0.0409	0.0217	1.1951
	−0.0004** （−2.332）	0.006*** （3.753）	—	—	9.592 （0.4181）	0.255	0.2246	1.5394
	−0.0005** （−2.463）	—	0.0104** （2.531）	—	23.9547 （0.9709）	0.1518	0.1172	1.3575
	−0.0003* （−1.895）	—	—	0.009*** （3.662）	13.9257 （0.6187）	0.247	0.2163	1.5403
自然灾害损失（dLND）	−1.2767* （−1.716）	—	—	—	235682.5*** （2.9648）	0.0556	0.0367	1.5675
	−1.5209** （−2.044）	11.5476* （1.705）	—	—	128400.8 （1.281）	0.1085	0.0721	1.6646
	−2.1*** （−2.694）	—	40.766** （2.506）	—	79802.79 （0.8151）	0.1629	0.1287	1.8129

注：***，**，* 分别表示在 1%、5%、10% 的统计水平下显著。

图表来源：根据研究需要自制。

表 4-19 展示了分城市情况下突发环境事件和自然灾害损失为被解释变量的模型检验结果，可以看出工业污染治理投资兼具短期效应和长期效应。

工业污染治理投资对突发环境事件的影响方面，仅北京和上海的检验结果显著：①从北京的检验结果来看，工业污染治理投资对于突发环境事件仅表现出短期的减少效应，即工业污染治理投资每增加 1 万元，将减少突发环境事件 0.0022 件。②而上海方面，工业污染治理投资对于突发环境事件的抑制，既具有短期影响又具有长期影响，无论在长期还是在短期，上海市每增加工业污染治理投资 1 万元将减少突发环境事件约 0.001 件。

工业污染治理投资对自然灾害损失的影响方面，仅上海的检验结果表现出了短期轻微显著性（该结果同图 4-11 的情况一致）。从具体数据来看，上海市每增加 1 万元工业污染治理投资将减少自然灾害损失 0.245 万元，单考虑对自然灾害损失的影响，则明显存在产出低于投入的问题。

表 4-19　分城市情况下突发环境事件与自然灾害损失为被解释变量时的模型检验结果

被解释变量	城市	解释变量				残差项	截距项	R^2	调整的 R^2	DW 值
		dIPC	dIPC(−1)	dIPC(−2)	dIPC(−3)					
突发环境事件（dEEE）	北京	−0.0021*（1.655）	—	—	—	−1.3***（−3.9）	4.6418（0.144）	0.6331	0.5515	2.214
突发环境事件（dEEE）	北京	−0.0022*（−1.65）	−0.0013（−1.02）	—	—	−1.4***（−4）	15.2815（0.448）	0.7122	0.5889	2.3656
自然灾害损失（dLND）	北京	不显著								
突发环境事件（dEEE）	天津	不显著								
自然灾害损失（dLND）	天津	不显著								
突发环境事件（dEEE）	上海	−0.0008***（−3.03）	—	—	—	−0.148（−0.9）	13.3606（0.999）	0.5704	0.4749	1.5371
突发环境事件（dEEE）	上海	−0.0011***（−3.93）	−0.0006**（−2.06）	—	—	−0.2108（−1.4）	27.397*（1.986）	0.7371	0.6244	2.4083
突发环境事件（dEEE）	上海	−0.0011***（−4.32）	−0.0012***（−2.82）	−0.001*（−1.84）	—	−0.2535（−1.6）	39.4***（2.648）	0.8457	0.7222	2.7103
自然灾害损失（dLND）	上海	−0.245**（−2.49）	—	—	—	−0.69**（−2.2）	−481.32（−0.1）	0.5509	0.4511	1.8294
突发环境事件（dEEE）	重庆	不显著								
自然灾害损失（dLND）	重庆	不显著								

注：***，**，* 分别表示在 1%、5%、10% 的统计水平下显著。

图表来源：根据研究需要自制。

4.3.3 城市工业污染治理投资对经济发展的实证影响

从影响经济的视角来看，城市污染治理支出既可以被视为投资，亦可以被视为费用，因而在学界针对污染治理支出对经济的影响的研究，可分为“投资说”与“费用说”两派。

费用说认为，污染治理支出是指社会为维持特定的环境质量，而支付的用于污染控制与环境改善的费用（戴红昆，2014），突出了污染治理支出耗用经济量的特征，该思想较早为发达国家所采用，我国亦存在类似的思想（李克国，2004）。相比费用说，投资说更强调污染治理支出的投入产出特征，认为污染治理支出并不只是一种纯支出，其亦具有获取收益的功能（孙冬煜，1999）。

随着城市与污染治理工作的展，越来越多的学者与实践者开始将污染治理支出视为一种能带动经济发展的投资，因为污染治理支出的产出功能逐渐得到了深入挖掘。本节将以工业污染治理投资为例，基于2003—2015年我国4个直辖市的相关数据实证分析工业污染治理投资对资本数量、消费支出、经济总量等经济指标的影响。

1. 城市工业污染治理投资对资本数量的实证影响

图4-12中，从4个直辖市的总体情况来看，工业污染治理完成投资同投资总额呈正向变化关系。

分城市来看，北京、天津的工业污染治理完成投资与投资总额主要呈负向变动关系；上海则表现出了正向变动关系；而重庆的情况则主要分为正向与反向变化前后两个阶段。

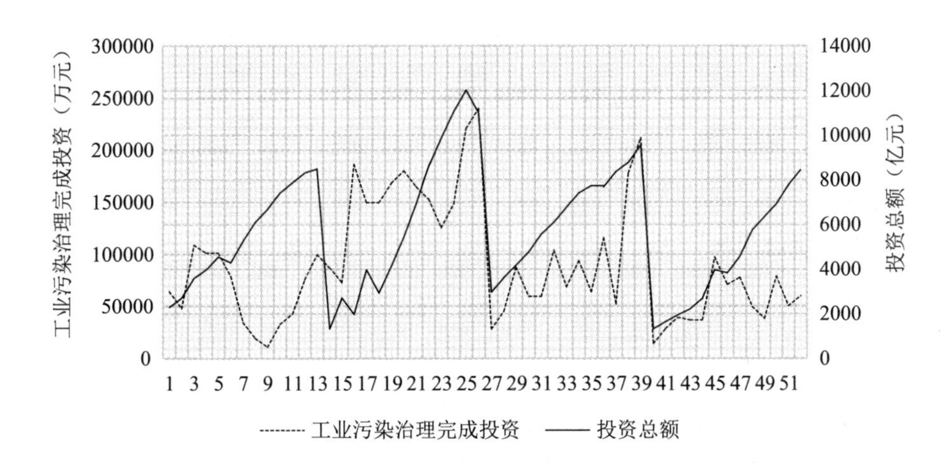

图 4-12　直辖市工业污染治理完成投资与投资总额的情况

图表来源：根据研究需要自制。

表 4-20 展示了工业污染治理完成投资对资本数量的影响的实证模型检验结果，其检验结果具有较好的统计意义。具体检验数值显示，北京与天津的工业污染治理完成投资对资本数量具有消耗效应，北京的这种消耗效应不仅表现在短期，同时亦表现出明显的长期作用；而天津则主要表现为长期消耗效应。从中可见，这两座城市尚未发挥出工业污染治理支出作为资本的投资功能。上海的工业污染治理完成投资同资本数量之间存在正向变化关系，其工业污染治理完成投资在长期能有效推动资本数量的增长。重庆的相关检验结果则不显著。总的来看，检验结果同上文曲线表现出来的情况基本一致，具有经济意义。

表 4-20　工业污染治理完成投资为解释变量而资本数量为被解释变量时的模型检验结果

板块 A：全样本下的检验结果					
被解释变量	解释变量 dIPC	截距项	R^2	调整的 R^2	DW 值
资本数量（dCQ）	0.027*** （3.0526）	3217.085*** （3.6905）	0.2379	0.173	1.313

板块 B：分城市情况下的检验结果										
被解释变量	城市	解释变量 dIPC	dIPC(−1)	dIPC(−2)	dIPC(−3)	残差项	截距项	R^2	调整的 R^2	DW 值
资本存量（dCQ）	北京	−0.01*** （−5.26）	−0.01*** （−5.6）	−0.004*** （−3.938）	−0.01*** （−10.1）	0.26*** （5.21）	299.1*** （7.78）	0.9848	0.9595	2.1246
	天津	−0.0098 （−1.02）	−0.0067 （−1.19）	−0.02*** （−3.77）	—	−0.2021 （−1.1）	1163*** （4.649）	0.7608	0.5694	2.0235
		−0.0049 （−0.54）	−0.016** （−2.14）	−0.03*** （−3.98）	−0.0101 （−1.45）	−0.315 （−1.5）	1218*** （4.981）	0.8699	0.6532	1.9176
	上海	0.0003 （0.15）	0.006* （1.813）	0.01* （1.849）	0.006 （1.53）	−0.03 （−0.7）	427.6*** （3.678）	0.7364	0.297	1.7817
	重庆	不显著								

注：***，**，* 分别表示在 1%、5%、10% 的统计水平下显著。

图表来源：根据研究需要自制。

2. 城市工业污染治理投资对消费支出的实证影响

图 4-13 展示了 4 个直辖市工业污染治理完成投资和消费支出的基本变动趋势。分城市来看，短期内北京的工业污染治理完成投资同消费支出呈正向变化关系，而长期则表现为反向变动关系；天津的情况同北京相反；上海的情况则比较复杂，可分为两个变动阶段，前一阶段的工业污染治理完成投资表现出了有规律地围绕一定的数值波动的情况，后一阶段则与消费支出呈正向变动关系；重庆的两条曲线总体走势可分为正向与反向变化前后两个阶段。

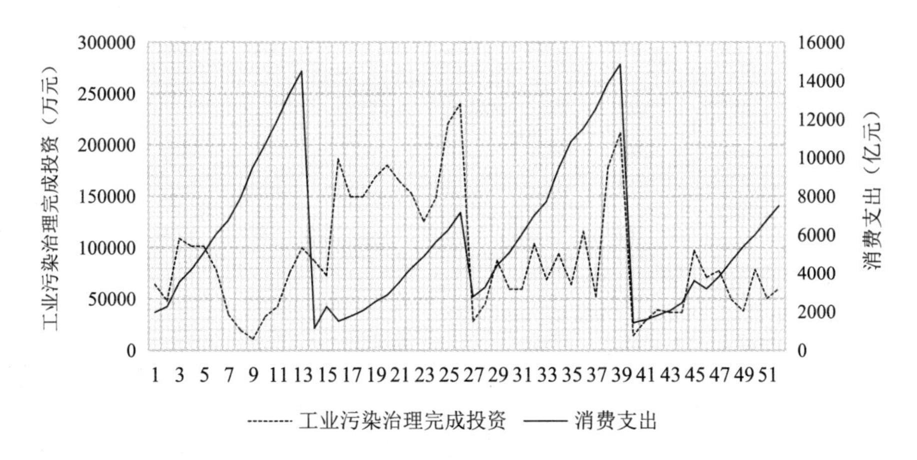

图 4-13　直辖市工业污染治理完成投资与消费支出的情况

图表来源：根据研究需要自制。

表 4-21 展示了工业污染治理完成投资对消费支出的影响的实证模型检验结果，检验结果具有较好的统计意义。具体的检验数值显示，短期内北京的工业污染治理完成投资同消费支出呈正向变化关系，而长期则表现为反向变化关系。可见短期范围内北京市增加工业污染治理投资能推动消费支出增长，若长期如此则容易引发居民的危机意识，从而一定程度上减少消费支出。天津则表现出了同北京相反的情况。上海的工业污染治理完成投资同消费支出之间仅存在长期的正向变化关系，其工业污染治理完成投资在长期能有效推动消费支出的扩张。重庆的相关检验结果则不显著。总的来看，检验结果同上文曲线表现出来的情况基本一致，具有经济意义。

表 4-21 工业污染治理完成投资为解释变量而消费支出为被解释变量时的模型检验结果

板块 A：全样本下的检验结果

被解释变量	解释变量 dIPC	截距项	R^2	调整的 R^2	DW 值
消费支出 （dCE）	0.0308^{***} （2.8875）	3036.707^{***} （2.8834）	0.4264	0.3776	1.2101

板块 B：分城市情况下的检验结果

被解释变量	城市	解释变量 dIPC	 dIPC(−1)	 dIPC(−2)	 dIPC(−3)	残差项	截距项	R^2	调整的 R^2	DW 值
消费支出（dCE）	北京	0.0054^{*} （1.726）	—	—	—	0.044^{*} （1.74）	1057^{***} （12.21）	0.4562	0.3353	1.5869
		0.0053^{**} （2.136）	-0.0046^{*} （−1.77）	—	—	0.0368 （1.63）	1100^{***} （15.95）	0.5558	0.3655	2.4637
		0.008^{*} （1.823）	-0.0048^{*} （−1.97）	-0.0047^{*} （1.931）	—	0.0252 （0.77）	1098^{***} （16.78）	0.7371	0.5268	2.1369
		0.0085 （1.464）	0.0009 （0.138）	-0.006^{**} （−1.99）	−0.0004 （−0.11）	−0.017 （−0.3）	1156^{***} （12.41）	0.7324	0.2865	1.8504
	天津	-0.01^{***} （−3.77）	—	—	—	0.08^{***} （2.63）	626.5^{***} （6.483）	0.6332	0.5517	1.6679
		-008^{***} （−3.8）	0.0014 （0.658）	—	—	0.09^{***} （3.23）	548.5^{***} （5.772）	0.7299	0.6141	1.2247
		-0.0034^{*} （−1.65）	0.0031^{*} （1.85）	—	0.001 （0.81）	0.05^{***} （2.84）	579.2^{***} （11.2）	0.7377	0.4753	1.9726
	上海	−0.0014 （−0.55）	—	0.0067 （1.634）	0.01^{*} （1.999）	0.18 （1.46）	892.3^{***} （6.491）	0.5703	0.1406	1.1501
		−0.0015 （−0.51）	0.0028 （0.511）	0.0106 （1.195）	0.0114^{*} （1.847）	0.2174 （1.41）	825.3^{***} （4.105）	0.6047	−0.0542	1.1535
	重庆	不显著								

注：***，**，* 分别表示在 1%、5%、10% 的统计水平下显著。

图表来源：根据研究需要自制。

3. 城市工业污染治理投资对经济总量的实证影响

图 4-14 展示了 4 个直辖市工业污染治理完成投资和生产总值的基本变动趋势。分城市来看，北京的工业污染治理完成投资同生产总值之间的变化关系可分为三个阶段，前后两个阶段变现为正向变化关系，中间阶段则表现为反向变动的关系；天津的情况则可分为同北京相反的三个阶段；上海的情况可分为两个变动

阶段，前一阶段的工业污染治理完成投资表现出了有规律的围绕一定的数值波动的情况，因而无法看出其同生产总值之间的具体关系，后一阶段则同生产总值之间呈正向变动关系；重庆的两条曲线的总体走势可分为正向与反向变化前后两个阶段。

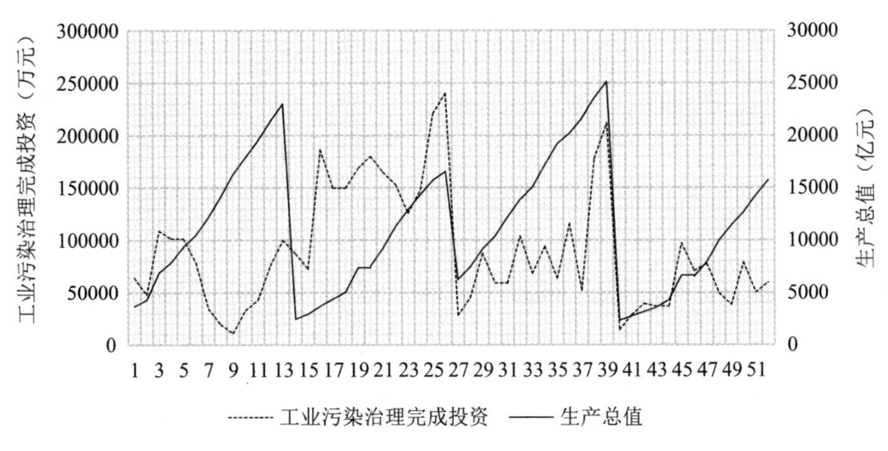

图 4-14　直辖市工业污染治理完成投资与生产总值的情况

图表来源：根据研究需要自制。

表 4-22 展示了工业污染治理完成投资对经济总量的影响的实证模型检验结果，其检验结果具有较好的统计意义。检验结果显示当年内北京的工业污染治理完成投资同经济总量呈正向变化的关系，而之后几年则表现为反向变化关系。可见北京市当年增加的工业污染治理投资能推动经济总量增长，而之后一段时间则会对经济发展造成消极影响。天津则表现出了同北京相反的情况，但仅具有滞后的负效应。上海的工业污染治理完成投资同经济总量之间仅存在滞后的正向影响关系，其工业污染治理完成投资在长期能有效地推动经济发展。重庆的相关检验结果则不显著。总的来看，检验结果同上文曲线表现出来的情况基本一致，具有经济意义。

表 4-22　工业污染治理完成投资为解释变量而经济总量为被解释变量时的模型检验结果

板块 A：全样本下的检验结果					
被解释变量	解释变量	截距项	R^2	调整的 R^2	DW 值
	IPC				
经济总量（GDP）	0.0308***（2.8875）	3036.707***（2.8834）	0.4264	0.3776	1.2101

板块 B：分城市情况下的检验结果										
被解释变量	城市	解释变量				残差项	截距项	R^2	调整的 R^2	DW 值
		IPC	IPC(−1)	IPC(−2)	IPC(−3)					
经济总量（GDP）	北京	0.0098*（1.864）	—	—	—	0.0069（0.25）	1590	0.2973	0.1411	1.8198
		0.01***（3.258）	−0.01***（−3.29）	—	—	0.0002（0.01）	1667***（19.79）	0.7337	0.6195	2.5642
		0.0033（0.627）	−0.01***（−3.15）	−0.003（−1.03	—	0.035（1.3）	1611***（20.3）	0.7375	0.5275	1.8606
	天津	−0.007（−1.3）	—	—	0.014***（4.182）	0.088*（1.99）	1304***（8.94）	0.7865	0.6583	2.1342
		−0.0031（−0.33）	0.009*（1.68）	0.01（1.62）		−0.0116（−0.2）	1500***（6.193）	0.4684	0.0431	1.7625
		−0.0069（−0.89）	−0.0012（−0.18）	0.0008（0.11）	0.015**（2.31）	0.0927（1.24）	1292***（5.897）	0.7917	0.4446	2.0081
	上海	0.00073（0.223）	0.0048（1.55）	—	0.0092*（1.86）	0.0028（0.06）	1581***（10.02）	0.5274	0.0547	1.8671
		0.0001（0.048）	—	0.0097**（2.246）	0.014***（2.663）	0.023（0.57）	1455***（10.68）	0.6654	0.3307	1.8013
		0.0001（0.045）	0.0004 90.073	0.0102（1.116）	0.014**（2.162）	0.0242（0.49）	1447***（7.428）	0.666	0.1092	1.8206
	重庆	不显著								

注：***，**，* 分别表示在 1%、5%、10% 的统计水平下显著。

图表来源：根据研究需要自制。

4.4 城市防灾投资的经济效应实证研究结论总结

本节主要总结前文关于城市地质灾害防灾投资和城市工业污染治理投资两类防灾投资对经济的实证影响结论。

4.4.1 城市地质灾害防治投资对灾害损失的实证影响结果

表 4-23 总结了我国 4 个直辖市地质灾害防治投资与地质灾害发生、人员伤亡、经济损失之间的具体数据关系。

表 4-23　地质灾害防治投资同相关灾损之间的数据关系

	与地质灾害发生的关系	与人员伤亡的关系	与直接经济损失的关系	与自然灾害损失的关系
地质灾害防治投资（IDP）	总体表现出反向减少作用，即高防治投资能降低灾害发生数；但亦存在因突发与时滞原因造成的特殊同增关系	短期减少人员伤亡的作用较弱；长期减少人员伤亡的作用较强（地质灾害防治投资发挥作用约存在 2~3 年的时滞）	抑制直接经济损失的短期效应较弱，而长期效应很明显（地质灾害防治投资发挥作用约存在 2~3 年的时滞）	北京、天津、上海表现出了防灾投资同自然灾害损失同增同减的情况，反映出了这些城市被动增加防灾投资的现状。重庆则表现出了降低自然灾害损失的作用

图表来源：根据研究需要自制。

根据具体的回归结果，可总结出以下结论：

第一，全样本方面，短期内因为地质灾害的突发与地质灾害防治投资效果发挥的时滞特性，导致地质灾害防治投资成为一种经济消耗品，其投入在短时期内只会增加灾害损失（包括灾害直接经济损失、自然灾害损失）。

第二，分城市情况下，地质灾害防治投资既具有短期内转化为灾害损失的作用，同时又在长时期内具有抑制灾害损失的功能。

4.4.2 城市地质灾害防治投资对经济发展的实证影响结果

表4-24总结了我国4个直辖市地质灾害防治投资与相关经济变量之间的具体数据关系。

表4-24 地质灾害防治投资同相关经济变量之间的数据关系

	与投资总额的关系	与消费支出的关系	与生产总值的关系
地质灾害防治投资（IDP）	表现出了逐年递增的一致走势；但地质灾害防治投资表现为波动式上升（被动增资模式）	表现出了逐年递增的一致走势；但地质灾害防治投资未表现出规律性	表现出了逐年递增的一致走势；但地质灾害防治投资未表现出规律性

图表来源：根据研究需要自制。

根据具体的回归结果，可总结出以下结论：

第一，全样本方面，地质灾害防治投对资本数量具有显著的负效应，将一部分资金用于地质灾害防治，将减少能用于其他投资的资金数量，地质灾害防治投资对其他投资具有挤出效应；地质灾害防治投资对消费支出具有显著的负效应；地质灾害防治投资对经济总量具有显著的正效应。

第二，分城市情况方面来看，首先地质灾害防治投资对资本数量的影响具有长期挤出效应。其次，北京的地质灾害防治投资对消费支出具有长期的积极效应；天津的地质灾害防治投资对消费支出具有短期的消极效应和长期的积极效应，且长期的积极效应大于短期的消极效应；上海的地质灾害防治投资对消费支出具有长期的消极效应。最后，北京的地质灾害防治投资对经济具有显著的短期负效应和长期正效应，且短期的负效应大于长期的正效应；地质灾害防治投资对经济的影响，则仅具有显著的长期负效应。

4.4.3 城市工业污染治理投资对灾害损失的实证影响结果

表 4-25 总结了我国 4 个直辖市工业污染治理完成投资与突发环境事件发生、工业污染直接经济损失、自然灾害损失之间的具体数据关系。

表 4-25　工业污染治理完成投资同相关灾损之间的数据关系

	与突发环境事件的关系	与工业污染直接经济损失的关系	与自然灾害损失的关系
工业污染治理完成投资（IPC）	整体上，突发环境事件次数随工业污染治理完成投资的变化而反向变化	从天津和重庆来看，工业污染直接经济损失同工业污染治理完成投资存在反向变化的关系。上海则表现为正向变动的走势	总体表现出同增同减的正向变化关系，反映出了被动开展防灾工作的基本特征；上海与重庆在个别时间段表现为反向变动走势

图表来源：根据研究需要自制。

因工业污染直接经济损失数据零散不足，故无法进行回归分析，这里仅考虑和分析工业污染治理投资对突发环境事件和自然灾害损失的回归结果。

根据具体的回归结果，可总结出以下结论：

第一，全样本下，短期内工业污染治理投资能有效减少突发环境事件和自然灾害损失。

第二，分城市情况下，工业污染治理投资对突发环境事件、自然灾害损失兼具短期减少效应和长期减少效应。

4.4.4 城市工业污染治理投资对经济发展的实证影响结果

表 4-26 总结了我国 4 个直辖市地质灾害防治投资与相关经济变量之间的具体数据关系。

表 4-26 工业污染治理完成投资同相关经济变量之间的数据关系

	与投资总额的关系	与消费支出的关系	与生产总值的关系
工业污染治理完成投资（IPC）	总体上，工业污染治理完成投资同投资总额呈正向变化关系。北京、天津的工业污染治理完成投资同投资总额主要呈负向变动关系；上海则表现出了正向变动关系；而重庆的情况则主要分为正向与反向变化前后两个阶段。	工业污染治理完成投资和消费支出的关系在各直辖市表现出了各不相同的特征	北京的工业污染治理投资同生产总值之间的变化可分为三个阶段，前后两个阶段变现为正向变化关系，中间阶段则表现为反向变动的关系；天津的情况则可分为同北京相反的三个阶段；上海的情况可分为两个变动阶段，前一阶段的工业污染治理投资表现出了有规律的围绕一定的数值波动的情况，因而无法看出其同生产总值之间的具体关系，后一阶段则同生产总值之间呈正向变动关系；重庆的两条曲线的总体走势，可分为正向与反向变化前后两个阶段

图表来源：根据研究需要自制。

根据具体的回归结果，可总结出以下结论：

第一，工业污染治理投资对资本数量的影响方面，北京在短期与长期均表现出了消耗资本数量的特征，天津则仅表现出了长期消耗效应，说明这两座城市的工业污染治理投资还是一种纯费用支出；上海的工业污染治理投资则在长期有效推动资本数量的增长。

第二，工业污染治理投资对消费支出的影响方面，短期内北京的工业污染治理投资同消费支出呈正向变化关系，而长期则表现为反向变化关系；天津则表现出了同北京相反的情况；上海的工业污染治理投资同消费支出仅存在长期的正向变化关系。

第三，污染治理投资当年内，北京的工业污染治理投资同经济总量之间呈正向变化关系，而之后几年则表现为反向变化关系；天津则表现出了同北京相反的情况，但仅具有滞后的负效应；上海的工业污染治理投资对经济总量仅存在滞后的正向影响。

第 5 章　研究结论与路径选择

本章主要总结全文的研究结论，并以介绍经验的方式对基于经济的城市综合防灾路径进行说明。

5.1 研究结论

本研究基于理论梳理与实证研究，得出了一系列具有理论意义和现实价值的研究结论。

第一，城市防灾对于经济既可能是消耗品，亦可能是投资品，主要取决于城市管理与发展工作能否有效发挥出防灾支出的投资效应。第二，城市防灾对经济的影响具有阈值效应，即城市防灾超过一定的极限值之后，继续增加防灾投入对于经济具有更显著的拉动作用。第三，城市防灾对经济既存在短期影响，也存在长期影响；既可能表现为拉动效应，也可能表现为消耗效应，且不同的城市表现情况不同。

但是，根据已有研究和本研究的实证结果，可以发现一般经济实力强的城市拥有更高的防灾能力与防灾支出，防灾在大多数情况下同城市经济产值存在相辅相成、同增同减的关系。另外，无论何种城市，无论面对何种灾害，最终的防灾目标只有一个——救人与救物。

因此，本章将基于城市防灾的经济效应研究结果，并结合国内外先进防灾经验，从综合防灾的视角提出城市防灾事业发展的具体路径——开展救人救物的综合防灾事业。综合防灾是考虑了多灾种、多手段与全过程特点之后的防灾救人救物路径，主要涉及灾害研究、监测、灾害信息处理、灾害预报预警、防灾、抗灾、救灾与灾害援建等多个系统，综合防灾的工具可分为工程工具、规划工具与管理工具。

5.2 路径选择

基于已有的关于综合防灾的工具与思想研究，本章内容选择提出的城市综合防灾路径主要包括防灾体制、防灾组织、需要援助者信息管理、公众参与等四个防灾软件构筑，以及防灾设施建设这个硬件（可见，该选择全面涉及了工程、规划与管理三个不同层面的防灾工具）。具体来看，这“四软一硬”即构筑城市防灾体制，确定防灾的法律和战略地位；构建城市防灾组织，合理调配各方防灾力量；开展城市需要援助者信息管理，有的放矢地牢抓防灾重点；加强城市公众参与防灾力度，务实防灾基础；建设城市防灾基础设施，为防灾工作提供物质保障。但是，践行“四软一硬”的综合防灾路径需考虑城市的经济能力，量力而行。

5.2.1 构筑城市防灾体制，确定防灾的法律和战略地位

本节先简单说明了城市防灾体制的主要内涵，接着通过日本的案例介绍了日本先进的防灾体制，以为相关主体提供启示和借鉴。

1. 城市防灾体制内涵

体制是管理规范和管理机构的统一体或结合体，不同的体制由不同的管理规

范和管理机构搭配组合而形成。城市防灾体制则是指具体的组织、管理和防范灾害发生或降低灾害损失的制度、方式和方法的总称。城市防灾体制一般包括城市防灾制度体系、城市防灾组织体系、城市防灾法律体系等内容。

2. 城市防灾体制案例

在此，以日本为例介绍城市防灾体制构筑的具体路径。

1）日本防灾体制

在日本，城市防灾体制属于全日本整体防灾体制的一环或一个层级，国家层面的防灾体制包含了城市的防灾体制。

建设应对灾害的安全城市是现代日本的重要课题。城市机能与结构的日趋复杂化，促使日本一方面不仅积极在技术上研发现代防灾科技，另一方面亦积极推动防灾体制建设，以期软硬举措相互配合。根据已有的研究可知，日本的防灾体制由防灾组织体系与相对应的防灾计划体系构成，防灾计划体系则对应着各个防灾组织。防灾计划书，即根据上述各级组织，而分别拟定的不同层级的书面防灾文件。图 5-1 展示了日本防灾组织体系、防灾计划体系，及其各个层级之间的关系与流程。

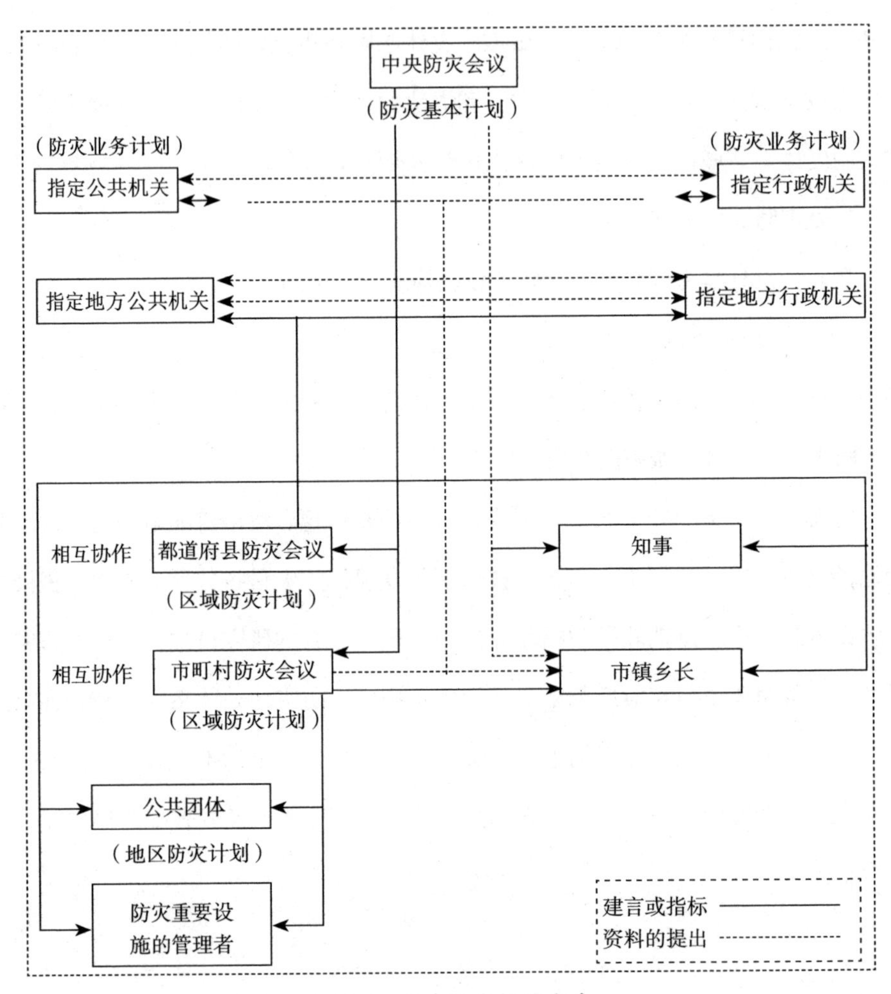

图 5-1　日本防灾组织体系

图片来源：李威仪的《日本都市防救灾系统之规划》。

（1）日本防灾组织体系

日本的防灾组织体系由政府组织和公共组织两部分构成，日本的政府组织可分为“中央防灾会议”“地方防灾会议”“非常灾害对策本部”等三个部分，其中“地方防灾会议”又分为“都道府县防灾会议”与“市町村防灾会议”，分别指导不同层级的防灾事务。再加上由市民或团体组成的“自主防灾组织”和“公共机关”，继而构成了日本目前的防灾组织体系。

在日本防灾组织体系中，最顶层的是中央防灾会议及其指定的相关机关。中央防灾会议是出台内阁重要政策的一个组织机构，其具有根据《灾害对策基本法》组建内阁府的职能。中央防灾会议中，内阁总理担任会长，其他所有成员由主要机关的一把手（4 人）和知识与经验丰富的专家（4 人）联合组成（李威仪，2010）。中央防灾会议除了制定基本防灾计划和防灾方针外，还接受内阁总理和防灾担当大臣针对防灾事务和审议的问询，并负责整体灾害对策的推动事务。在中央防灾会议之下，指定相关行政机关与公共机关执行具体防灾业务计划的制定工作，并负责向下层组织提供资料与建言及指示的工作，同时也负有同同级组织共享资料的责任。

都道府县与市町村两个不同级别的组织，构成了日本防灾组织体系中的第二个层级，属于城市级的防灾组织体系。都道府县防灾会议向其指定的地方行政机关和公共机关发出建言与指示，并接受中央防灾会议的建言与指示。都道府县防灾会议中的最高负责人为知事，知事接受中央防灾会议的资料，并听从都道府县等层级的防灾会议的建言和指示。市町村防灾会议听取中央防灾会议的指示与建言，并向与其相对应的市镇乡长发出建言与指示，且提供资料。市镇乡长同时接受中央防灾会议及其指定的行政和公共机关提供的资料，并接受都道府县防灾会议的指示和建言。

日本防灾组织体系中的最基层是公共团体和相关的具体事务管理者，它们主要接受都道府县防灾会议与市町村防灾会议的建言和指示，并按照建言和指示开展具体的防救灾工作，是整个防灾组织体系中的具体事务执行者。

（2）日本防灾计划体系

日本的防灾计划体系与组织体系相对应，可划分为防灾基本计划、防灾业务计划、区域防灾计划与地区防灾计划（今井实，1983）。防灾基本计划是日本防灾对策的基础，是防灾领域内最高层的计划，其由中央防灾会议依据《灾害对策基本法》制成。防灾业务计划由指定的行政机关与公共组织基于防灾基本计划制成，处于次一级的位置。区域防灾计划则由都道府县和市町村的防灾会议基于防灾基本计划，并根据区域具体情况制成。地区防灾计划则是由市町村的居民和事业人员，自发组成的共同行动委员会制成的防灾计划。

需要强调的是，日本的防灾业务计划和区域防灾计划的根基，均为具有综合性和长期性的防灾基本计划，防灾基本计划决定了防灾体制的确定、防灾事业的推动、迅速适宜的灾后恢复，以及同防灾相关的科学技术研究工作的推进。

2）东京都防灾计划体系

东京都属于日本第二层级的政府组织，其制定的防灾计划也属于第二层级——都道府县的区域防灾计划（如图 5-2 所示）。

东京都的防灾计划体系主要包括一个总则、三个计划与一个对策。

总则部分主要明确方针、大纲、市民与事业单位义务，并介绍东京灾害的基本概况。

第二部分“防灾预防计划”主要针对城市抗灾能力、具体设施的安全优化、市民防灾行动力等灾害预防方面的能力提升进行说明。

第三部分“灾害应急对策计划”主要从体制、信息收集管理、救助与救助法，以及灾后避难与生活等方面进行具体介绍。

第四部分“灾害复兴计划”主要针对灾后的生活生产恢复、灾害的划定，以及具体的灾后复兴计划进行解释。

最后的附录部分则主要对相关计划中的不足部分或不易理解的部分加以补充说明，并加入警戒宣言。

总的来看，东京都制定的防灾计划体系中各个部分是一个紧密相连且层层递进的关系。从各部分的内容来看，则能看出制定者考虑情况的周到性与精细性，且可以看出其具体的防灾应对思想，这体现了日本这个多灾国家对历史教训的深刻理解。

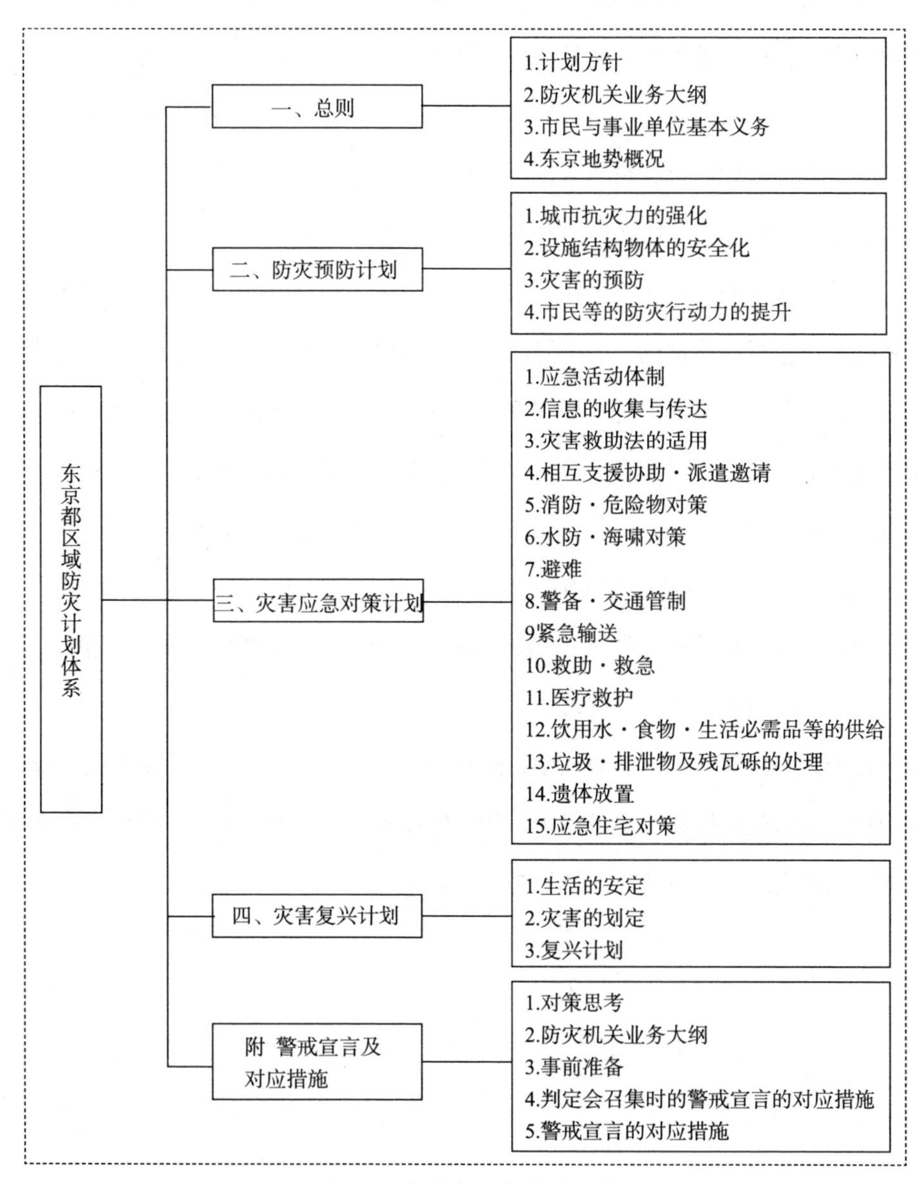

图 5-2　东京都防灾计划体系

图片来源：《东京都防灾计划》。

5.2.2 构建城市防灾组织，合理调配各方防灾力量

城市防灾组织机构作为城市防灾工作中的重要环节，是防灾软硬件的建设者和推行者，是防灾硬件和防灾软件的联结者。一定的组织机构的存在才能保证各项城市防灾计划与应急措施得以顺利贯彻和落实，合理的组织机构设置决定了城市防灾工作的有效程度、可靠程度与应变能力。因此，城市防灾组织机构同生命和财产安全息息相关（杨修竹、钦培坚和马兴发等，1996）。

当前，各国的城市防灾工作以政府组织为主、社会民间组织为辅。具体的组织机构主要包括政府部门、安全部门、卫生部门、交通部门、社会民间力量等多个方面，在此不对各部门进行详细阐述和说明，而主要探讨各部门间在防灾工作中的具体关系表现形式和合作分工模式。城市防灾组织机构在城市建设的基础上得以建立和完善。一般情况下，不同的城市在防灾侧重点方面亦不同，因此，导致相应的防灾组织机构设置也存在差异。但是，总的来看，根据分工模式的不同，城市防灾组织机构可划分为三种类型：垂直模式、横向模式与矩阵模式。

1. 垂直型城市防灾组织模式

在垂直型城市防灾组织模式中，面对不同的灾害，城市一般会自上而下设置相应的建制清晰、责权明确的组织机构，例如地震局、消防局等。具体可参考我国的公共防灾组织机构设置（如图 5-3 所示）。

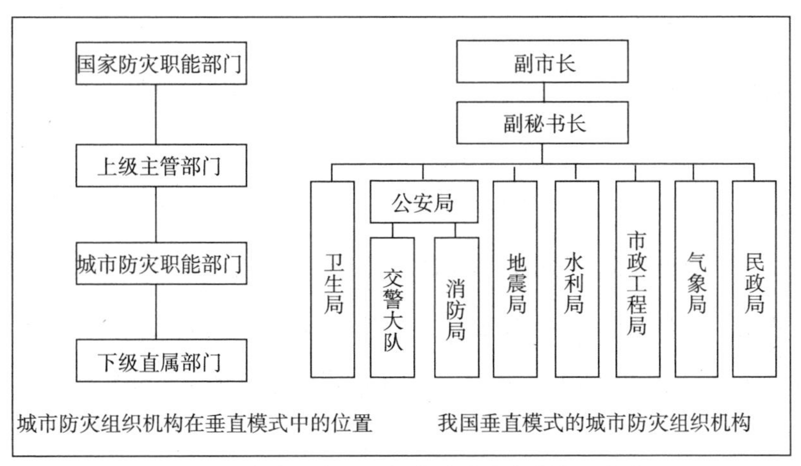

图 5-3　城市防灾组织机构的垂直合作分工模式

图片来源：杨修竹、钦培坚和马兴发等出版的《人类工效学》。

2. 横向型城市防灾组织模式

城市政府机构均设有主管各类灾害防范工作的职能部门。一般来说，依据不同的行政等级，这些主管灾害防范的职能部门隶属于当地不同的政府部门，具体的分工形式方面表现为以地方政府为主管的横向型合作分工关系结构。横向型的城市防灾组织机构模式，如图 5-4 所示。

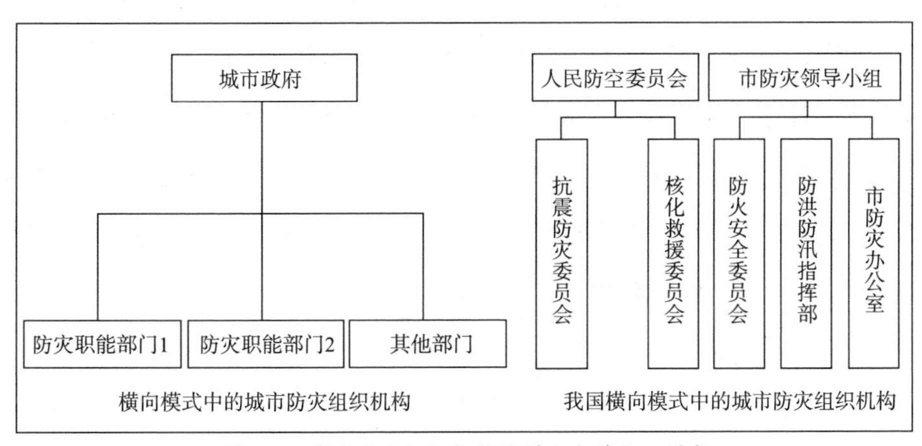

图 5-4　城市防灾组织机构的横向合作分工模式

图片来源：杨修竹、钦培坚和马兴发等出版的《人类工效学》。

根据图 5-4 可以发现，主管城市某一灾害的职能部门，一方面必须接受当地政府的直接纵向领导，另一方面则需要同其他职能部门之间保持千丝万缕的横向合作关系。

纵向型城市防灾组织机构容易出现信息与指令上下沟通不畅的情况，而横向型城市防灾组织机构又容易出现双头领导的问题。防灾组织机构的这种微妙处境在一定程度上削弱了其功能的发挥，因而出台一种新的防灾组织机构合作分工模式就很有必要，能缓解防灾组织机构这种尴尬处境的新合作分工模式就是矩阵模式。

3. 矩阵型城市防灾组织模式

城市防灾组织机构间的矩阵型合作分工模式（参考图 5-5 和图 5-6）的横向，仍由原来的各防灾职能部门组成。纵向则成立城市防灾委员会，拟请相关市领导亲自兼任委员会负责人，并由市委、市府、市警备区分管的主要领导，以及各专业灾种防范负责人担任委员会成员。

在矩阵合作分工模式中，城市防灾委员会为一个非常设机构，当城市灾害发生时，即成为领导全市防灾救灾的最高决策指挥机构；城市防灾委员会下，仍按灾种分别设立专业委员会协调指挥职能组织机构，开展具体的防灾救灾工作，可由市府主管副市长和市府主管副秘书长代表市防灾委员会参加各灾种的专业委员会，并担任负责人，由有关单位派出人员担任委员会成员；各防灾职能组织机构根据灾害类型的需要，分别担任主要、次要、辅助的责任；社会民间防灾组织机构则发挥辅助各级组织的作用。

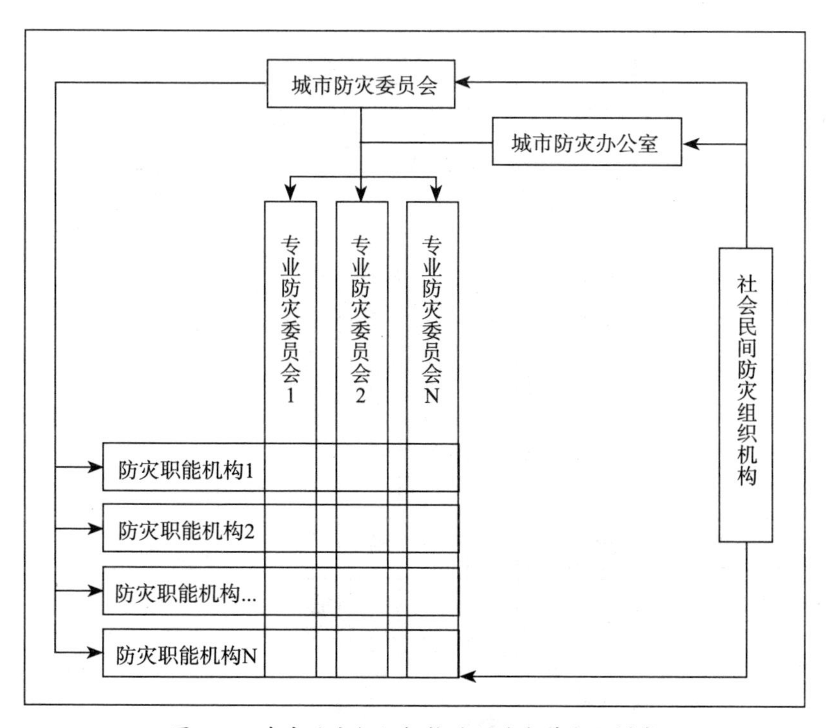

图 5-5　城市防灾组织机构的矩阵合作分工模式

图片来源：杨修竹、钦培坚和马兴发等出版的《人类工效学》。

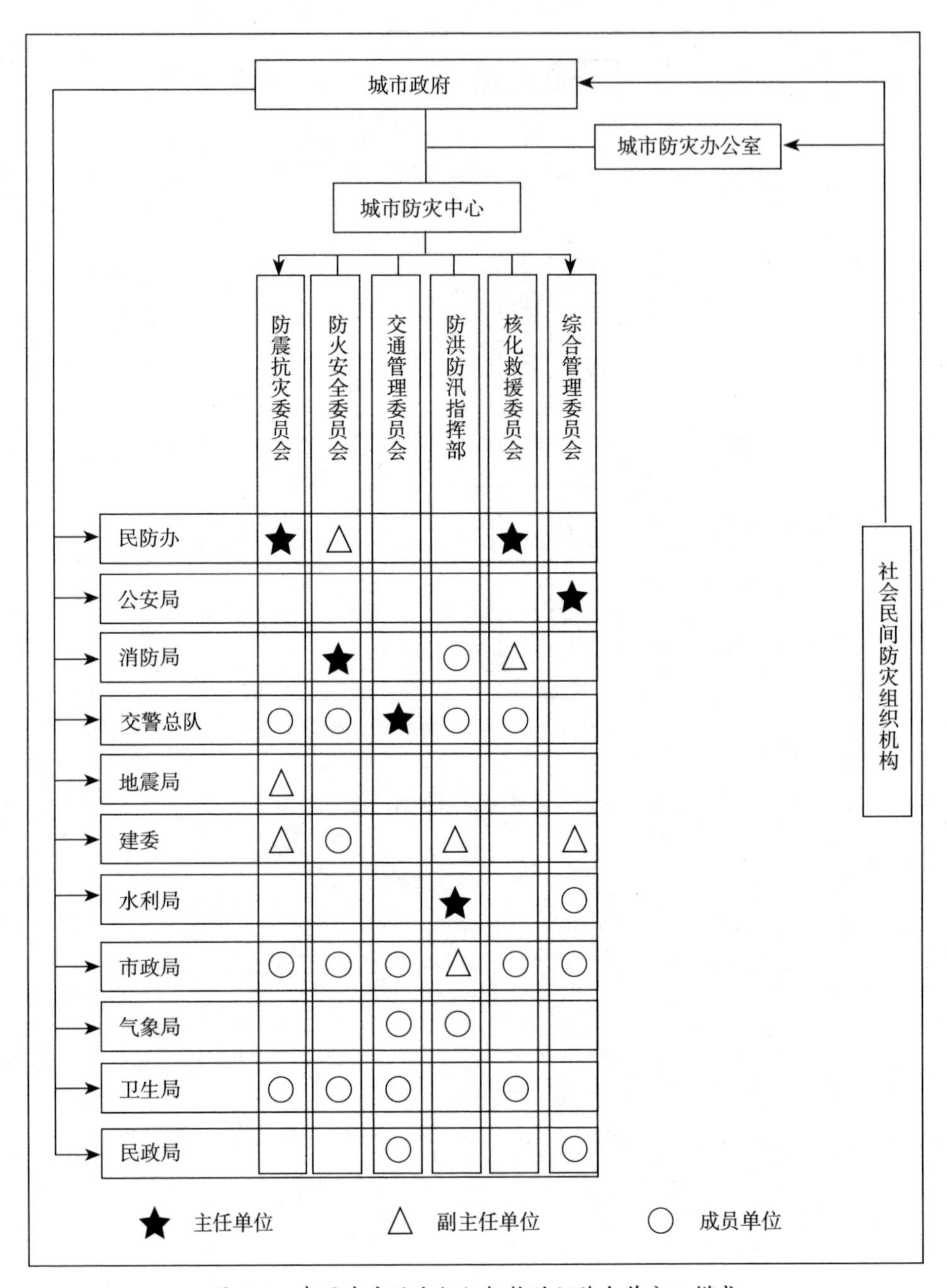

图 5-6　我国城市防灾组织机构的矩阵合作分工模式

图片来源：基于相关研究与现实情况自制。

相比纵向与横向型防灾组织机构模式，矩阵型合作分工模式更具现实适应能力，其拥有如下优点：

第一，无需增设新的组织机构，无需变更原有机构，不仅能保证原有的完整直向体系，而且更有利于实际操作。

第二，新成立的临时防救灾最高决策机构，可全面系统地加强对城市防救灾工作的管理。

第三，明确的各灾种委员会间的分工模式，可规避职能在各组织间的交叉问题。

第四，各专业灾种委员会不仅掌握着自属指挥权，而且在专业灾种委员会的协调下，非常时期可调用其他防灾单位的力量，规避重复建设的同时提升了城市整体的防救灾能力。

第五，具体的防救灾指挥工作仍由专业灾种委员会相关负责人担任，无需增加新的负责人，节省了很多成本。

5.2.3 开展城市需要援助者信息管理，有的放矢地牢抓防灾重点

面对灾害的威胁，人类一直在通过各种各样的方式谋求应对之策。其中之一就是政府机构与公共组织基于个人信息的收集、保存与共享，以在灾害发生时实现最有效率的救援，即通过活用个人信息来实现对生命和安全的保护与救援。为了国民的生命与财产安全，在灾害发生时，政府管理者、社会公共救援组织等机构很有必要针对要援助者采取避难对策。

城市需要援助者信息管理可以划分为：非灾害时对要援助者相关的个人信息的收集、共享与保护，灾害时避难援助的实施，避难后持续的医疗与护理服务三个阶段，并非单纯地将需要援助者转移到避难所，而是需做出长远的考虑。灾害

时需要援助者信息管理工作则分布于以上三个阶段。可以说，正是因为个人信息的收集、保存与共享工作的顺利进行，才能使得避难援助的实施和避难后医疗与护理服务等工作得以有效地开展（如图 5-7 所示）。

图 5-7 反映出事先的信息收集、保存与共享，事中的避难援助与事后的进一步援助是一个层层递进的关系，同时也表明了事先的信息收集、保存与共享等信息管理工作的重要性与必要性。

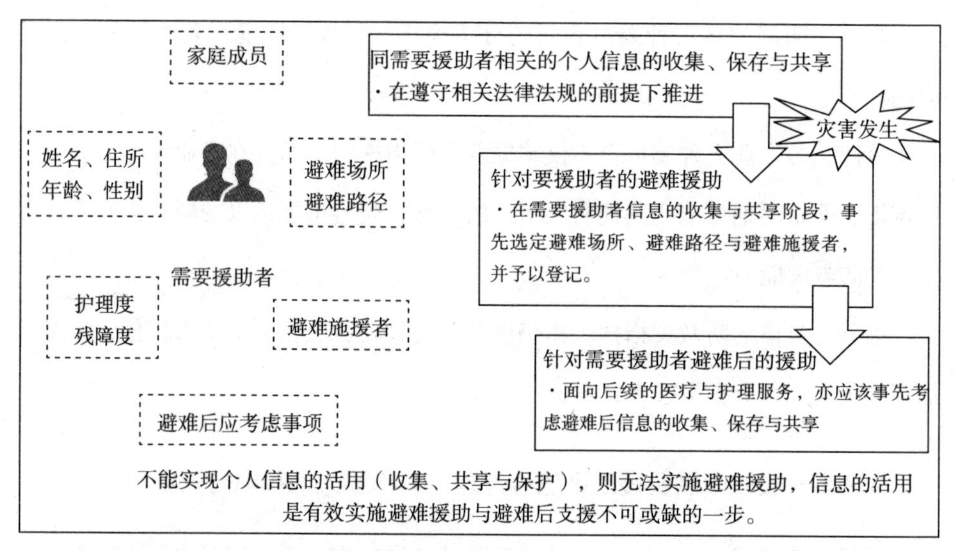

图 5-7 需收集、保存和共享的要援助者信息与避难援助三步骤

图片来源：基于理论与思想梳理自制。

1. 城市需要援助者信息分类

需要援助者信息一般可划分为“存在信息”与“援助信息”，其具体的内容是不一样的。存在信息，包括需要援助者的姓名、住所、性别、出生日期、联系地址，以及需要援助者所需出示的其他相关信息等。援助信息，则涉及两个方面，一方面是需要援助者的避难场所、避难路径、避难后针对医疗和福利的考虑

的必要性等；另一方面是需要援助者的姓名、住所和可能的援助时间等。存在信息与援助信息的区别在于：存在信息是针对本人而不考虑援助方式与可能的信息，即即使不征得本人的许可也可以进行收集和共享的信息；援助信息则以本人和援助方式为前提，不征得本人的许可或同意就不能肆意进行收集、保存与共享的信息。避难援助的第一步，就是持有需要援助者所在之处的存在信息。存在信息是为了针对需要援助者采取对策的不可欠缺的信息。然后，以援助信息的登记为基础，完成避难援助信息手册等资料的制作，并形成针对需要援助者本人的避难援助体制①。最后，在建成完备的城市需要援助者援助体制后，形成“城市防灾网络”。以我国为例，因为公安系统与民政系统保有国民的基本身份信息，这些信息基本涉及需要援助者的全部存在信息，因此，在我国获取需要援助者的存在信息是比较容易的。而需要获得援助信息则需要考虑到相关法律法规的规定，不能在法律法规的范围外违法获取需要援助者的援助信息。

2. 城市需要援助者信息收集

作为避难援助的实施者，收集要援助者信息的方法主要有以下三种。

1）地毯式搜查

通过拜访需要援助者本人，并征得其同意而获得个人信息的方式。地毯式搜查虽然是一种最实用的方式，但是在调查对象不在家、调查对象过多或者信息收集者人手不够、用地毯式搜查获得的信息有限的时候，该种信息获取方式的作用就很有限了。此外，即使已经联系上了本人，但其是否会同意透露相关信息仍会受到调查者与需要援助者关系的影响。

① 如果不实施后续的需要援助者信息更新与避难训练的话，制定的信息手册等资料则不过是画饼充饥而已。因此，不能以单纯的手册与资料制定为目的。

2）响应式收集

根据施援者发布的宣传或广播促使需要援助者自主提供信息的方式。该种方式具有宣传对象人数不确定和被动等待自主提供信息的特点。这虽然是一种较理想的方式，但是需要援助者自身了解避难援助制度与清楚自己就是需要援助者才可，只有满足这两个条件，响应式的收集方式才能可行。实现这两个条件需要日复一日地广告宣传和防灾教育（李哲、吉富志津代和前迫孝宪等，2013）。

3）指引式收集

指引式收集，即跳过信息收集对象，而进行信息收集的方式。相比组织机构共享方式，地毯式搜查与响应式收集均是需要经过需要援助者本人才能实现信息的收集。考虑到我国具有统一收集和管理国民信息的公安与民政系统，指引式收集是我国城市防救灾组织与机构获得需要援助者信息的理想途径。

3. 城市要援助者信息保存

城市需要援助者信息的保护主要要考虑的是组织内部的“目的外使用”与组织外部的“向第三方提供信息”两种情况。城市防灾不能单方面依靠政府机构和组织，城市防灾救灾组织或民生委员会、社会福利组织、民间事业单位（医疗、福利等）等力量亦应该成为防救灾的旗手，即在防救灾整个过程中发挥引领者作用，但是作为旗手的这些组织机构原则上仍然适用个人信息保护法律与条例，应该在法律的范围内活动。因为这些防救灾旗手组织机构为了更好地开展援助工作，需要的是更多表现出隐私特性的援助信息，因此对于作为城市防救灾旗手的这些组织机构该如何确保信息不被泄露成为一个新问题。为了解决该问题，方法之一是事后让这些防救灾旗手的行为和其他组织机构或个人一样适用个人信息保护法律与条例。另一个方法就是在个人信息保护法律条例中，对信息提供者约束以一定的具体条件要求，要求其不要再随意传播信息，具体的即抓住其提供信息的机会，从根本上进行适当的管理与约束，比如要求其签订保守秘密的保证书。但是，前一个方法到底是事后的处置对策。后一个方法虽然是事前的预防对策，但是只一味强调义务的话，可能最终对于防灾事业不会存在太大的积极效应。因此，在防救灾体制与信息管理手册等的制定过程中，是否有特定城市防救灾旗手参加，如何让旗手们明确自己的权利与义务，培养自身的自律性和自主性则显得特别重要。

4. 城市要援助者信息共享

若要实现防灾工作的有效开展，则需要在各组织机构内部及组织机构之间实现需要援助者信息的共享，这可以解决灾害发生时的信息不对称问题。若不能实现信息的有效共享，城市防灾工作则很有可能不能很好地发挥出作用（杜晓华，2014）。因此，组织机构到底应该如何做才能顺利实现需要援助者个人信息的共享呢？其实，不能促成信息共享的原因主要是：虽然防灾组织机构通过考虑要援助者信息管理的压力，事先制成了个人信息管理手册，且死守了规则，结果仍然造成了信息泄露，此时则不知该追究谁的法律责任了。

管理要援助者个人信息就像管理现金，即面对收集到的现金，既不能随便转移，也不可随意地闲置不理，而是应该在可能的条件下实现资源的最大、最优利用。

通过已有的研究成果，可以发现成熟的城市社区和已达成的共识是影响要援助者信息共享的重要因素。在城市社区方面，因为社区成熟度可以推动居民进行广泛深入的交流，这有利于通过响应式收集和地毯式搜查把握要援助者的存在信息与援助信息，有利于获得基层政府与公共组织的支持，从而可以促进完善城市防灾共享形态组织的建立。在共识形成方面，一般灾害发生的时候，或者预期灾害要发生的时候，居民间以及居民与组织机构间就很容易达成共识（欧拉维·依罗，1996）。因此，对于不存在成熟城市社区或者共识未形成的情况，首先在努力促成城市社区成熟或共识形成的同时，有必要采取应急措施把握已有的存在信息。在我国，可以在相关法律规定的范围内，通过公安与民政系统获得要援助者的存在信息。

5.2.4 建设城市防灾基础设施，为防灾工作提供物质保障

1. 城市防灾绿化带建设

1）基本理念

防灾绿化带的基本思想，就是要通过在防灾区域内建设绿化带来达到防灾的目的（日本东京都，1984）。以火灾防范为例，防灾绿化带的建设具有两个基本功能：

①避难场所的绿化带除可增加有效的安全面积外，更可扩散热气流与火势粉尘，从而增加安全性（图 5-8）。

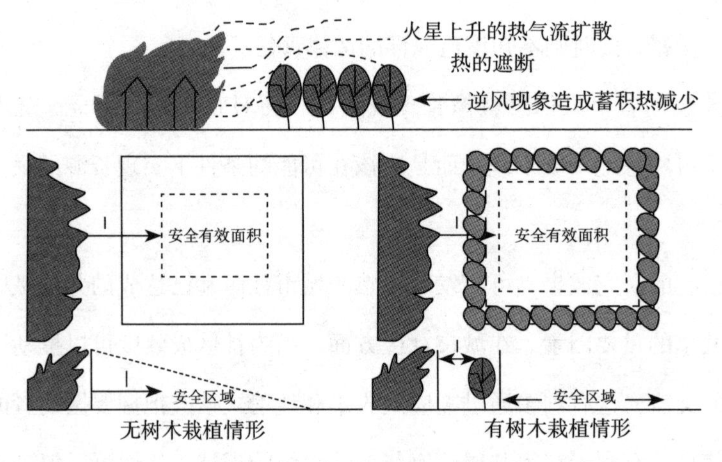

图 5-8　避难场所的绿化带防灾

图片来源：根据已有研究结论自制。

②避难道路的绿化带可抑制辐射热及热气流，还可达到缓冲沿路掉落物或倾倒物的效果和作用。另外，在避难道路两侧种植特有树木，除了可以增加地区特色外，还可以成为避难指示标（灾害发生且需要避难时，只需沿着树木前进必然可到达避难场所，见图 5-9 所示）。

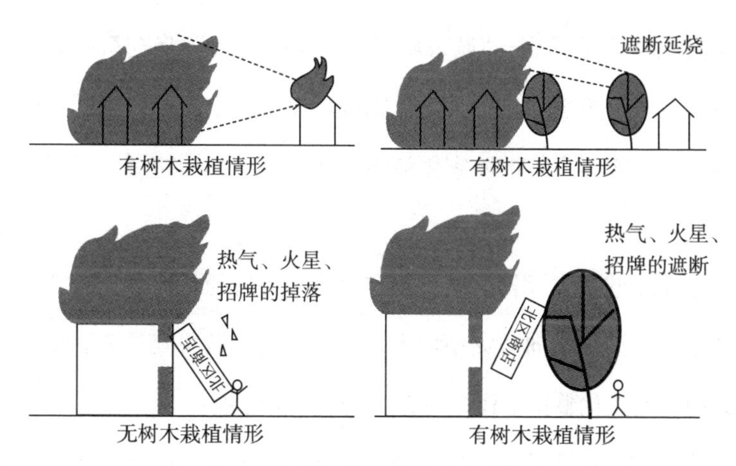

图 5-9　延烧遮断带及避难路线绿化带防灾

图片来源：根据已有研究结论和思想自制。

2）东京都防灾绿化计划。

东京都防灾绿化计划的内容，主要考虑树木的防灾性能、避难地、避难路、延烧阻断线的必要区位，是一个同城市绿化相结合的计划，是一个以水与绿为基础的城市防灾计划。东京都北区以绿地充足的城市建设为目标，1983 年实施了“北区防灾绿地计划基础调查”，其中提出“北区防灾绿地构想”“街廓内整建与防灾绿地构想”“市街地绿化之防灾住宅区构想”“结合生活与文化的防灾逃生道构想”。

2. 城市防灾生活圈的打造

1）基本理念

防灾生活圈的基本理念为打造城市灾害发生时“无需至其他地方避难的区

域”（日本东京都，2010）。城市防灾生活圈的建设基于一定的范围与人口目标进行。防灾生活圈具备两个特点：第一，由一定宽度的阻断带环绕，环绕的阻断带可以是道路、绿化带、河川等；第二，在围合的区域内建设功能齐全的社区。

2）东京都的具体实施

基于防灾生活圈的思想，“城市防灾设施基本计划”将东京都划分为700个防灾街廓，针对每一街廓设定一个对象圈域。以“城市防灾设施基本计划”所规划的区域为基础，构建良好的防灾生活圈，并由东京都同特别区域进行协商后开始实施。

虽然东京都区域防灾计划的主要内容为针对灾后的救灾紧急对策，但是东京都的主要规划与建设仍是向防灾型城市发展。其实际做法则是全面性地实施同防灾事业相关的设施强化整备工作，内容上包括以下几项：

①城市结构转换。涉及木造住宅密集区域整备事业、城市基盘整备事业、城市防灾生活圈促进事业、不燃化促进事业等。②安全市街地的整备与再开发。主要针对配置混乱木造地区、道路狭窄、土地过分细分化地区进行重整。③城市开放空间的确保。主要从提升域内每位居民的公园使用面积，开展公园整备，工业区的收买，空地的利用以及开放空间、绿地、农地的保持等方面入手；④道路桥梁的整备。主要目标是提升道路功能为间距交通、延烧隔断、避难道路、紧急物资输送等多样线城市空间。具体做法上针对重点规划道路进行防灾强化、兴建拓宽的整备以及桥梁的架设与强化。

3. 城市防灾通道疏通

1）防灾通道的目标

选定的防灾通道路线与网络需要实现两个目标：第一，为确保输送迅速有效，由其他区域进入灾区的主要道路须同陆上、海上、航空、水上运输基地及在区内的输送据点等结合，形成唯一的紧急输送网络；第二，为确保输送的时效性，应配合公共安全部门的“紧急交通路线”来整合输送据点间的关系，必要时选定“紧急交通路线”以外的路线作为临时通道（日本东京都，2006）。

2）防灾通道的选择基准

为防止城市因灾难发生而引起无法预期的灾害，如看板倒塌、电线杆断落等突发情况，使得道路形成障碍而无法进行救援、输送活动。应规划紧急道路，除选定路线与管理部门外，亦优先考虑以去除不利因素为目的的整建。

在路线的选择上，亦有五个选择基准：a. 紧急交通网络内的路线；b. 紧急物资输送网络内的路线；c. 连接进行紧急对策活动的避难场所的路线；d. 除满足上述 3 项原则的道路外，与主要公共设施，例如医院、警察署和消防署等连接的路线；e. 除满足上述 4 项原则外，路宽幅能满足一定要求的路线。

3）防灾通道的等级划分

基于上述的目标与选择基准，防灾通道可划分为三个等级。一级通道：联系承担应急对策中枢功能的市政府、防灾中心、重要港湾、空港的线路；二级通道：联系一级通道、主要防灾据点（警察、消防、医疗等机构）的线路；三级通道：联系其他防灾据点（广范围输送据点、储备仓库等）的线路。

4）东京都防灾通道网络

东京都的防灾通道包括紧急交通通道与紧急输送通道。东京都基于日本几次大地震的教训，为了保持震后交通与输送通道畅通，通过指定高速机动车国道（一级通道）、一般国道（二级通道）、相关主干线（三级通道），确定了同防灾据点紧密联系的紧急交通与输送通道，以方便在非常时期实行交通管制，非常时期，紧急通道内，除已颁发了通行证的车辆外，其余车辆一律管制通行。

4. 城市防灾推动事业的实施

1）紧急消防对策道路

（1）事业目的

为了消除现存的消防活动困难区域，道路整建不可或缺，但就现实状况而言，东京都消防活动困难区域分布广泛且细密，仅靠公共工程道路建设来解决所有问题，实属不易。因此，除城市计划道路的整建外，其余部分应采取独立事业方式来解决。

（2）事业内容

对于灾时（或平时）的消防活动困难区域的界定，日本目前并不存在统一的标准，但以建设省的现实基准来看，宽 6m 以上、到道路直线距离 140m 以上的区域，被称为消防活动困难区域（三船康道，2009）。为消除此类区域，东京都制定了相应的事业实施计划，主要是通过在消防活动困难区域建设紧急消防道路来实现（如图 5-10 所示）。

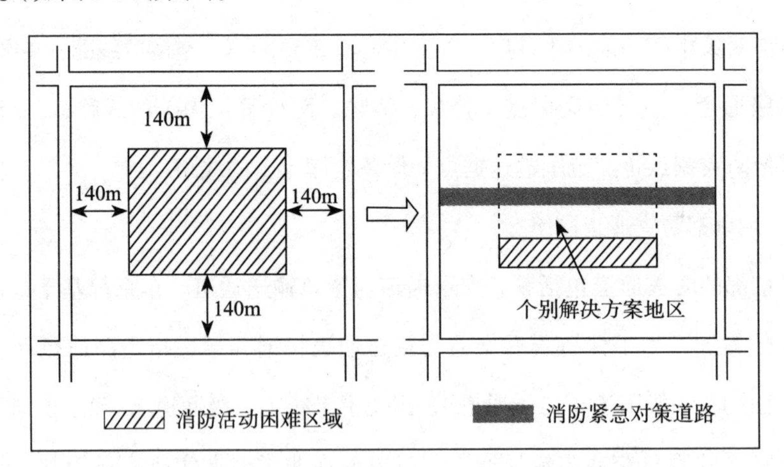

图 5-10　消防活动困难区域与紧急对策道路

图片来源：根据 2009 年三船康道著《城市建设关键词词典》（第 3 版）所作。

2）城市不燃化事业

（1）项目的目的

城市不燃化项目，即在避难地、避难路周边实施建筑不燃化，防止火灾的蔓延及确保避难者的安全，并提升城市防火机能的事业。

（2）实施区域对象。

东京都推行不燃化的对象区域主要包括：

第一，重要避难地、避难路或延烧阻断带周边区域；

第二，防火区域内，指定的建筑物最低高度区域、高密度使用区域、耐火建筑物与达成建筑协定的区域，或规定最低高度的计划区域，以及避难地周边可有效提供防火机能的区域。

5.2.5 加强城市公众参与防灾力度，务实防灾基础

本节以文献梳理的形式，主要介绍城市公众参与防灾的内涵界定、基本功能，以及应注意的影响因素等内容，以为具体的城市防灾相关管理措施的制定和实施提供思路参考。

1. 城市公众参与防灾的界定

公众参与，是指公民借助各类渠道针对同自身利益息息相关的社会事务发表意见，并向决策主体的相关行为施加影响的过程（俞可平，2007）。公共危机管理中的公众参与，是指为了保证自身相关权利（例如获得救济、获取所需信息等），群众参与到具体的政府公共管理工作中的行为（韩国元，2007）。

城市公众参与的主体一般为拥有公共参与精神的城市居民，而客体一般为公众参与所作用的对象，例如城市公共事务（王珍宝，2003）。作为灾害的直接面临群体，社会公众在遭遇灾害威胁和损失时，可以、而且应该使用公众参与手段

同其他相关主体共同对抗灾害（张红梅，2008）。

城市公众参与防灾即城市居民借助一定的平台表达自身的防灾需求，并针对防灾举措提出和发表自己的想法的过程。因此，城市公众参与防灾，即城市居民及其他组织机构基于一定的平台、途径和方式，参与到城市防灾主体的决策制定和实施，以及城市防灾事务管理中的具体过程。例如，具体的城市公众参与防灾的形式，包括公众参与城市防灾宣传教育、公众参与城市灾害风险与可能损失的评估、公众参与城市应急预案的演练，等等（韩雪婉，2016）。

2. 城市公众参与防灾的功能

公众参与防灾对提升城市防灾能力、加强公众灾时自救互救能力，有着重要的意义。Newport 等（2003）认为，作为社会与经济规划布局的重要构成的防减灾对策或措施，脱离了公众参与将无法充分得到实施并高效发挥作用。Louise（2006）通过分析卡特里娜飓风的应对实践过程发现，面对城市灾害的应对举措的顺利实施，既需要各级政府组织间的强力合作，同时也需要政府、营利及非营利组织、公民等主体的积极参与。赵成根（2006）指出，经过系统培训后获得了灾害素养的居民，是防减灾活动中的重要力量，能发挥出不容小视的防减灾作用。

Pinkaew 等（2007）认为，公众在城市社区防减灾决策制定与实施的具体工作中具有核心作用，其通过识别、分析、计划和监控灾害风险，可提升自身的防灾抗灾能力。Mc Gee（2011）指出，公众参与在火灾防范与对抗方面，不仅可以降低火灾发生和造成损失的风险，而且可以在具体的防灾过程中推动公众防救灾能力和同政府等防灾主体间的合作协调能力的提升。赵飞（2011）认为，编制应急预案、评估灾害风险与分析受灾体脆弱性等工作，不完全仅是政府的职责，这些防灾活动同样需要社会组织、专家和居民的参与与协作。因为公众参与，可提升各主体的防灾积极性，从而有效实现防减灾目标。周洪建（2013）指出，公众能全面迅速地收集同灾害相关的信息，因而公众是灾害等风险管理的主要执行者和重要力量。张振国（2013）认为，公众参与程度的提升可提高灾害风险评估效果。具体的灾害防范方面，Hosseini 等（2014）研究发现，城市社区在地震风险地图的制定过程中，若纳入接受过防灾培训的公众，可有效抵御潜在地震灾害的影响。

3. 城市公众参与防灾的影响因素

影响公众有效参与防灾过程的因素众多，例如利益、需求、价值观、责任感、参与机会等，其中利益是最大的影响因素。Clark 和 Wilson（1961）指出，任何利益均是推动公众参与到防灾组织和过程中的最大动力。Drabek 等（2003）发现，灾害对抗的艰巨性、自身保护需求，以及价值观和责任感均能推动公众参与到防减灾工作中。Pearce（2003）指出，社区为公众提供参与防灾的机会，可以保证相关防灾公共信息的有效程度。Mc Gee（2011）则通过研究美国、澳大利亚、加拿大等国家的城市社区火灾问题，发现公众会出于消防经验、机构参与，以及个人和家庭保护等原因，参加到社区火灾防范管理的工作中。

附录 1　城市防灾能力相关计算结果及数据

附表 1-1　城市防灾因子三类权重值

一级防灾因子	二级防灾因子	主观权重	客观权重	综合权重
城市通信	城市固定电话用户数（FTS）	0.0568	0.0573	0.05705
	城市移动电话用户数（MPU）	0.0859	0.1273	0.1066
	城市互联网用户数（IU）	0.0525	0.0612	0.05685
城市医疗	城市医院数（HOS）	0.045	0.0615	0.05325
	城市医院床位数（BED）	0.0751	0.0854	0.08025
	城市医生数（DOC）	0.0751	0.0931	0.0841
城市污染治理	城市固体废弃物综合利用率（CUR）	0.0546	0.0361	0.04535
	城市污水处理厂集中处理率（CTR）	0.0682	0.075	0.0716
	城市生活垃圾无害化处理率（HTR）	0.0546	0.0327	0.04365
城市道路	城市道路面积（RA）	0.1489	0.1325	0.1407
	城市人均道路面积（PRA）	0.0832	0.07	0.0766
城市绿地	城市绿化覆盖面积（GCA）	0.0876	0.0607	0.07415
	城市绿化覆盖率（GCR）	0.1125	0.1072	0.10985

附表 1-2-1　各指标最优值（1）

序号	城市	FTS /万户	MPU /万户	IU /万户	HOS /家	BED /个	DOC /人	CUR /%
1	BJ	944	4076	572	666	113395	87125	87.67
2	TJ	436.92	1352	1014	631	59490	33340	99.79
3	SH	1112	3293	5174	891	112270	47799	97.51
4	CQ	726	2590	1535.1743	873	103476	42561	84.49
5	SY	383.65	1044	176	275	52360	22159	95.82
6	DL	325	908.71	142	264	26753	13525	95.9
7	CC	232.4	881	247.6	256	34562	13396	99.92
8	HEB	427.44	1251	552.2856	284	60044	16551	98.07
9	NJ	362.96	1153.1	247.36	256	39149	21602	92.4
10	HZ	434	1562	339	827	44677	27675	95.43
11	NB	345	1267	281	139	17905	11733	91.59
12	XM	239.34	627.81	358	56	12435	9185	97.95
13	JN	258.9	1243.57	203	210	36356	20256	99.83
14	QD	353.87	1301	697	151	25962	17825	98.6
15	WH	436.31	1662	390	276	54522	24364	98.71
16	GZ	651.54	3224	766	241	65471	37547	100
17	SZ	551.35	3377	442	124	31042	26858	134.74
18	CD	439	2274.84	288	351	64474	32771	99.57
19	XA	321.48	2160.67	278	378	44309	21926	98.05
20	SJZ	318	1038	214	194	26988	17727	98.61
21	TY	186.12	743	151	206	31340	17612	55.25
22	HHHT	93.21	400.4	45	110	12925	5905	90.34
23	HF	203.56	782	111	235	28599	11707	99.86
24	FZ	311.13	945	530	106	19594	12271	98.14
25	NC	182	628.57	120	99	20351	9416	98.7
26	ZZ	351	1310	208	237	52570	21451	84.57
27	CS	254	1118	153	162	41301	17545	99.7
28	NN	171	821	505	106	22987	14005	96
29	HK	115.35	425	55	206	11712	10572	100
30	GY	115.8	810	105	192	20652	10909	60.75
31	KM	189	974	455.07	214	31044	21000	96.11
32	LZ	153	529	73	236	24334	10944	99
33	XN	79	395	47	316	12915	9176	97.63
34	YC	91.5	380	44	68.7	12125	6148	96.01
35	WLMQ	197.09	466.93	251.53	224	30517	13023	93.66

附表 1-2-2 各指标最优值（2）

序号	城市	CTR / %	HTR / %	RA / 万平方米	PRA / 平方米	GCA / 公顷	GCR / %
1	BJ	92.48	99.59	16227	14.61	83729	60.41
2	TJ	100	100	13144	15.78	30860	41.82
3	SH	92.54	100	21490	16.55	38382	47.26
4	CQ	93.2	99.37	14528	7.47	50493	68.94
5	SY	95	100	8413	15.92	19426	42.22
6	DL	95.96	100	4410	14.49	17733	45.17
7	CC	90	98.4	7113	19.44	18244	41.54
8	HEB	91.6	87.29	4872	10.28	14219	39.14
9	NJ	86	96.9	13495	20.8	32416	46.13
10	HZ	93.9	100	6145	12.04	20031	40.47
11	NB	93.5	100	2951	12.85	11811	38.27
12	XM	96.45	100	3780	36.46	12604	45.53
13	JN	95.33	100	7980	22.11	15233	39.77
14	QD	98.63	100	7908	23.84	21939	44.68
15	WH	94.96	100	9027	17.6	21668	39.18
16	GZ	98.72	100	10414	14.99	103678	41.5
17	SZ	96.5	100	12597	64	40123	45.12
18	CD	96.73	100	12519	13.43	28481	62.46
19	XA	93.4	100	7200	12.26	18700	42.5
20	SJZ	95.86	100	5233	18.07	12932	49.98
21	TY	85.85	100	3941	13.7	14773	44.77
22	HHHT	95.99	98.74	2245	17.57	9263	40.27
23	HF	99.16	100	5850	23.84	18170	45.31
24	FZ	95.6	100	2611	13.34	10894	42.89
25	NC	94.6	100	3774	16.4	11027	70.3
26	ZZ	97.2	95	4174	10.71	16590	40.17
27	CS	99.8	100	4382	14.97	11813	38.04
28	NN	92.92	100	3861	13.58	14072	49.38
29	HK	96.45	100	2439	15.09	6490	43.98
30	GY	95.3	99.65	2611	11.32	20486	43.5
31	KM	99.61	100	7080	25.58	16890	47.32
32	LZ	83.51	100	2910	11.78	7795	36.47
33	XN	73.12	100	913	9.71	3520	40.97
34	YC	100	100	1881	18.05	6506	43.66
35	WLMQ	81.98	92.42	3101	11.9	22399	58.33

两级最大差：$\Delta(\max)=0.9791$；

两级最小差：$\Delta(\min)=0$；

$\rho\Delta(\max)=0.5\times0.9791=0.48955$.

附录 2　变量时序图（第 3 章防灾能力用）

附图 2-1　城市生产总值（GDP）时序图

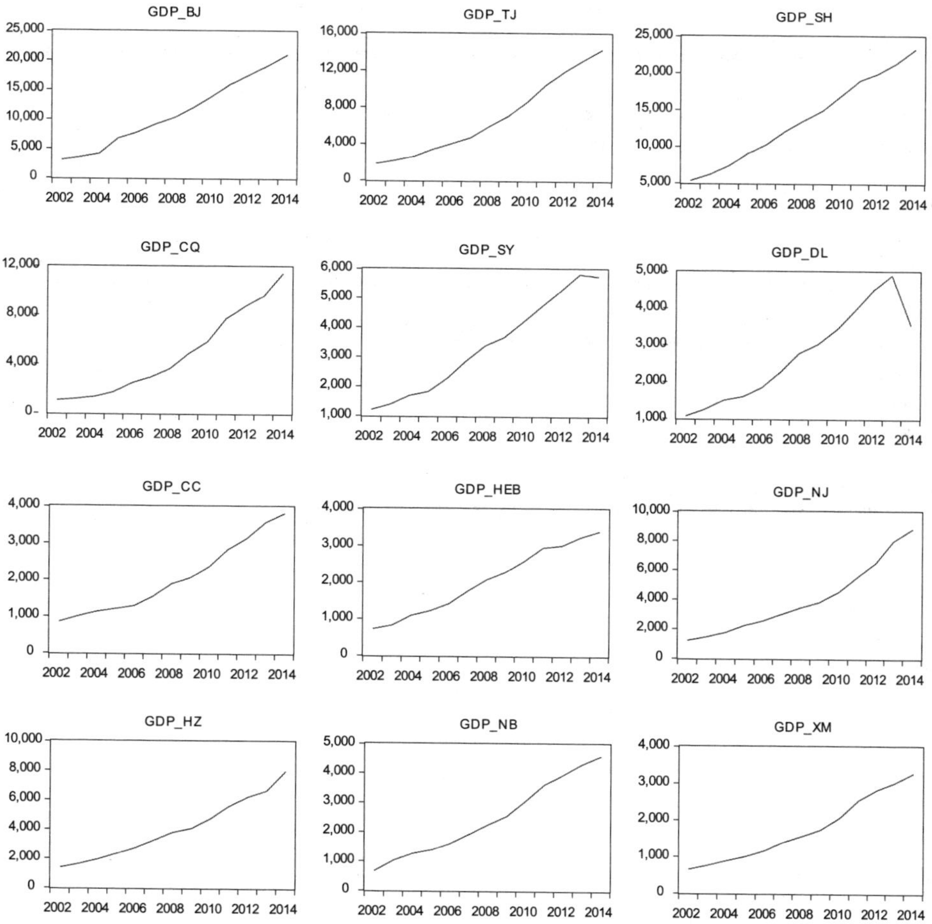

GDP_BJ
25,000
20,000
15,000
10,000
5,000
0
2002 2004 2006 2008 2010 2012 2014

GDP_TJ
16,000
12,000
8,000
4,000
0
2002 2004 2006 2008 2010 2012 2014

GDP_SH
25,000
20,000
15,000
10,000
5,000
2002 2004 2006 2008 2010 2012 2014

GDP_CQ
12,000
8,000
4,000
0
2002 2004 2006 2008 2010 2012 2014

GDP_SY
6,000
5,000
4,000
3,000
2,000
1,000
2002 2004 2006 2008 2010 2012 2014

GDP_DL
5,000
4,000
3,000
2,000
1,000
2002 2004 2006 2008 2010 2012 2014

GDP_CC
4,000
3,000
2,000
1,000
0
2002 2004 2006 2008 2010 2012 2014

GDP_HEB
4,000
3,000
2,000
1,000
0
2002 2004 2006 2008 2010 2012 2014

GDP_NJ
10,000
8,000
6,000
4,000
2,000
0
2002 2004 2006 2008 2010 2012 2014

GDP_HZ
10,000
8,000
6,000
4,000
2,000
0
2002 2004 2006 2008 2010 2012 2014

GDP_NB
5,000
4,000
3,000
2,000
1,000
0
2002 2004 2006 2008 2010 2012 2014

GDP_XM
4,000
3,000
2,000
1,000
0
2002 2004 2006 2008 2010 2012 2014

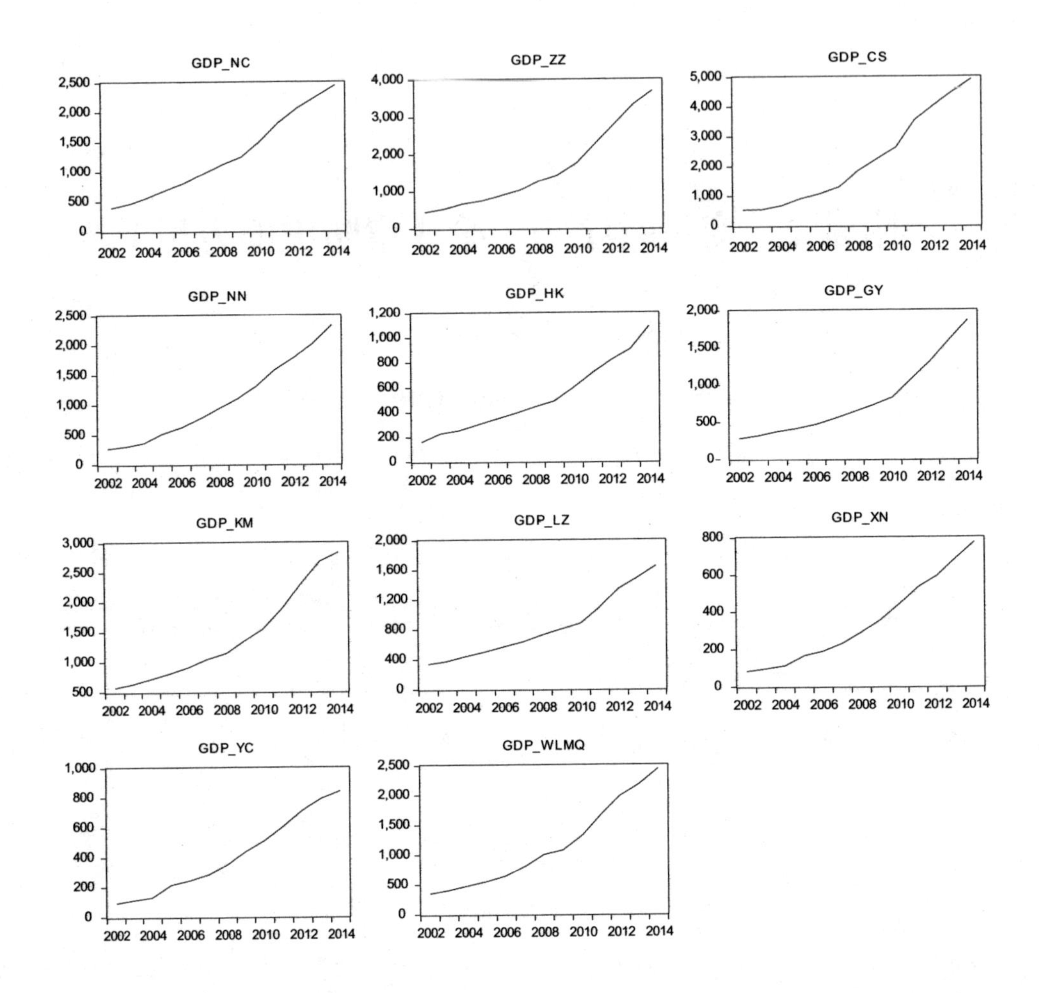
GDP_NC
GDP_ZZ
GDP_CS
GDP_NN
GDP_HK
GDP_GY
GDP_KM
GDP_LZ
GDP_XN
GDP_YC
GDP_WLMQ
2002 2004 2006 2008 2010 2012 2014

附图 2-2 城市人均生产总值（PGDP）时序图

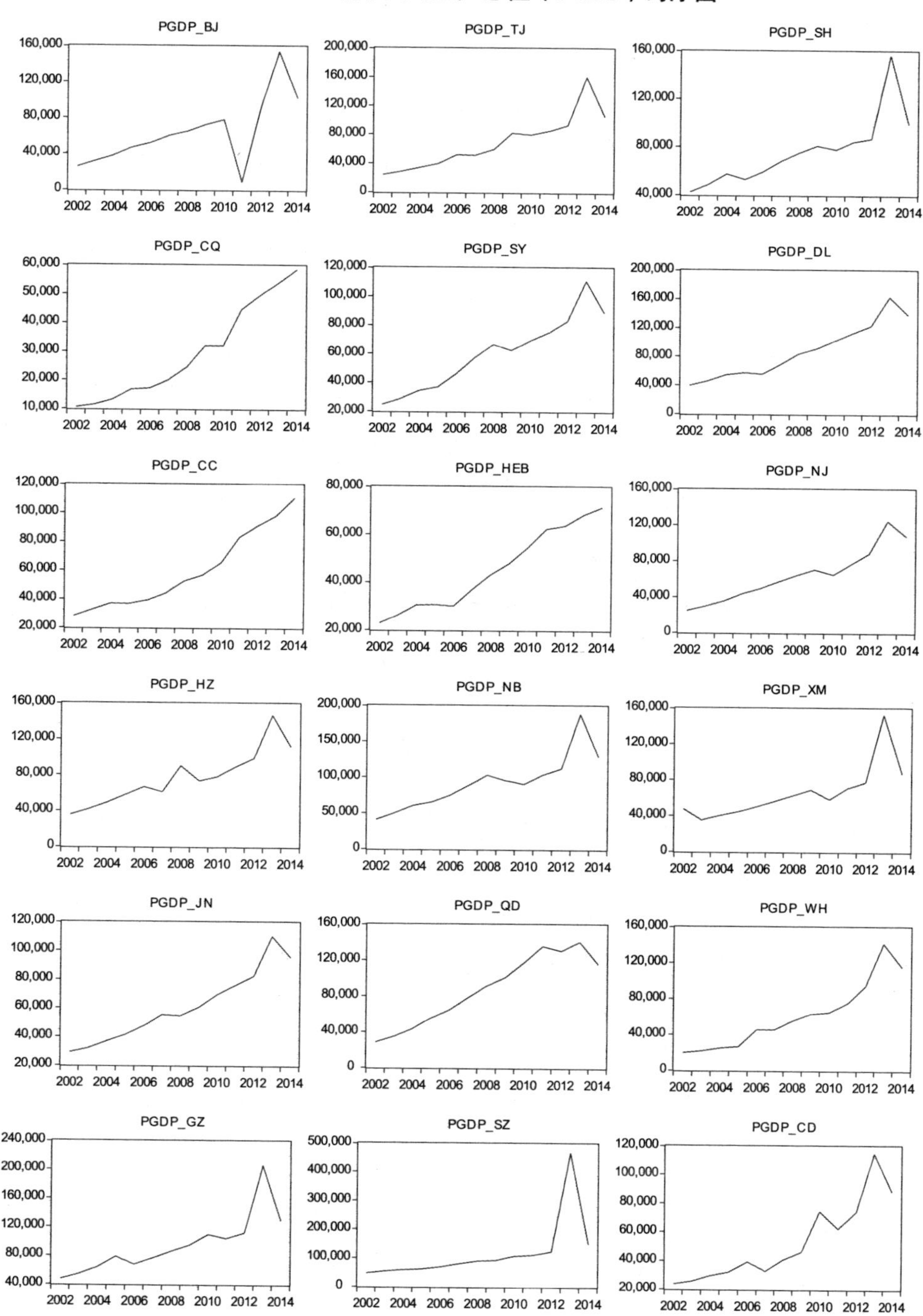

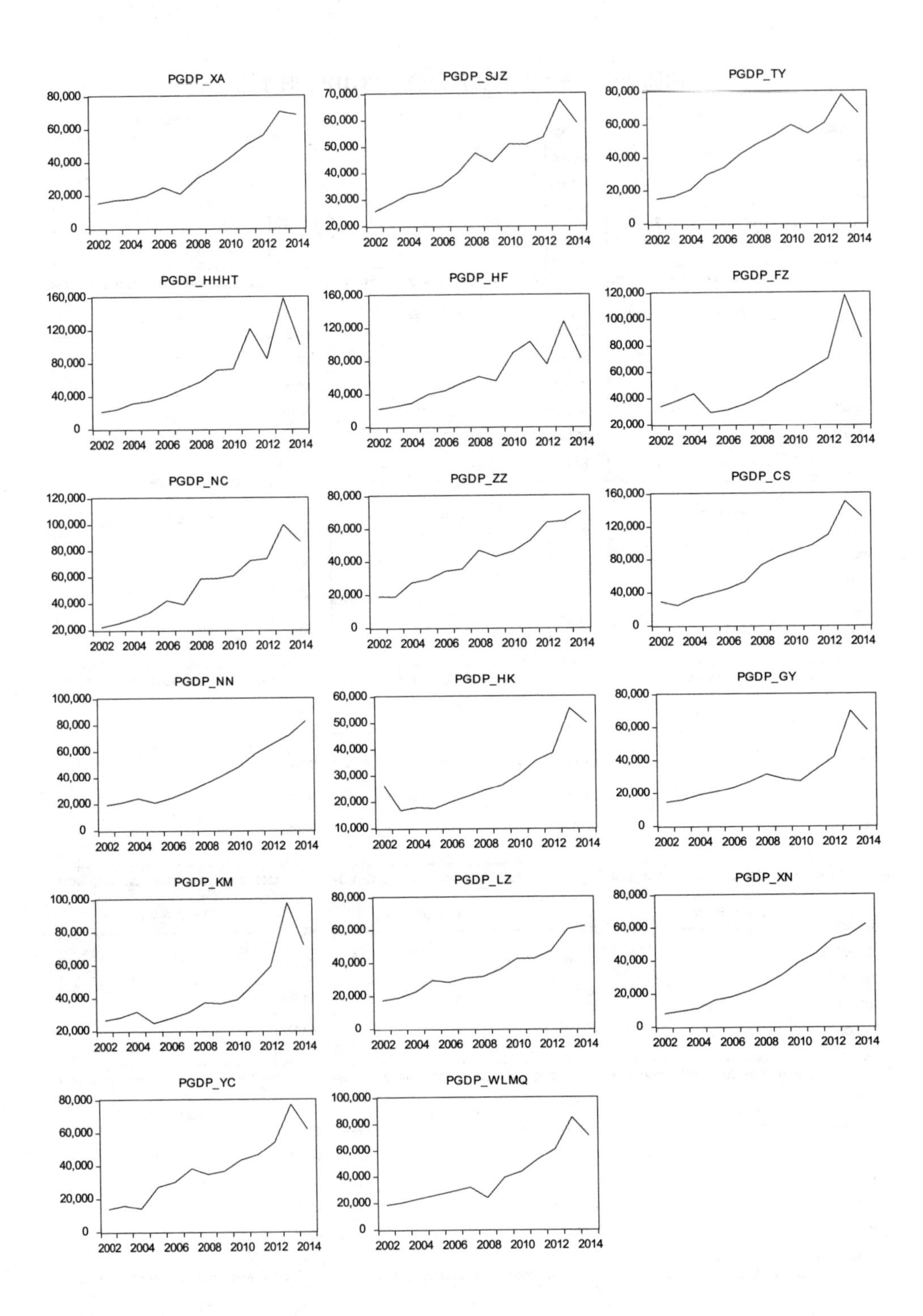

PGDP_XA
PGDP_SJZ
PGDP_TY
PGDP_HHHT
PGDP_HF
PGDP_FZ
PGDP_NC
PGDP_ZZ
PGDP_CS
PGDP_NN
PGDP_HK
PGDP_GY
PGDP_KM
PGDP_LZ
PGDP_XN
PGDP_YC
PGDP_WLMQ
2002 2004 2006 2008 2010 2012 2014

附图 2-3　城市防灾能力（DPA）时序图

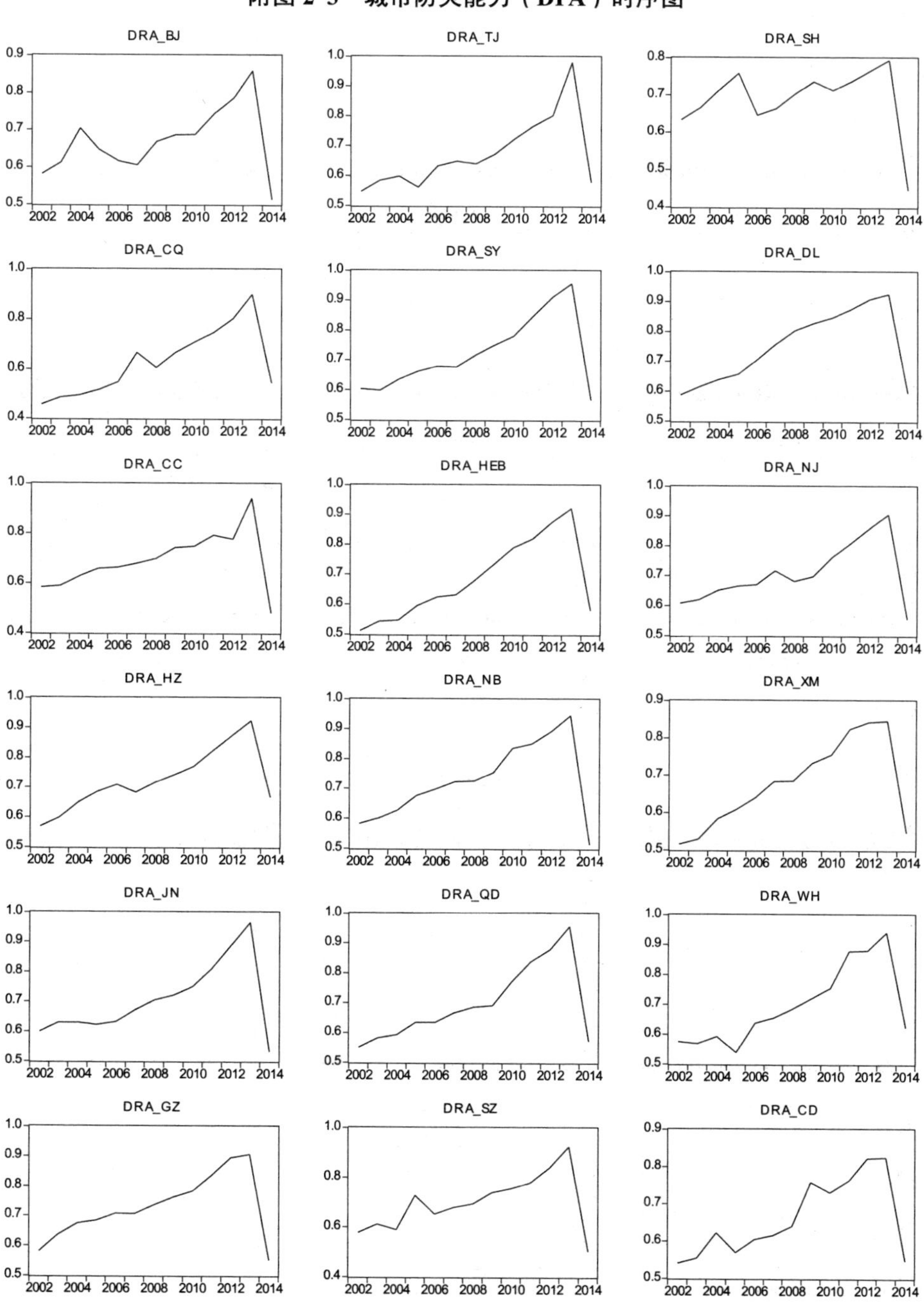

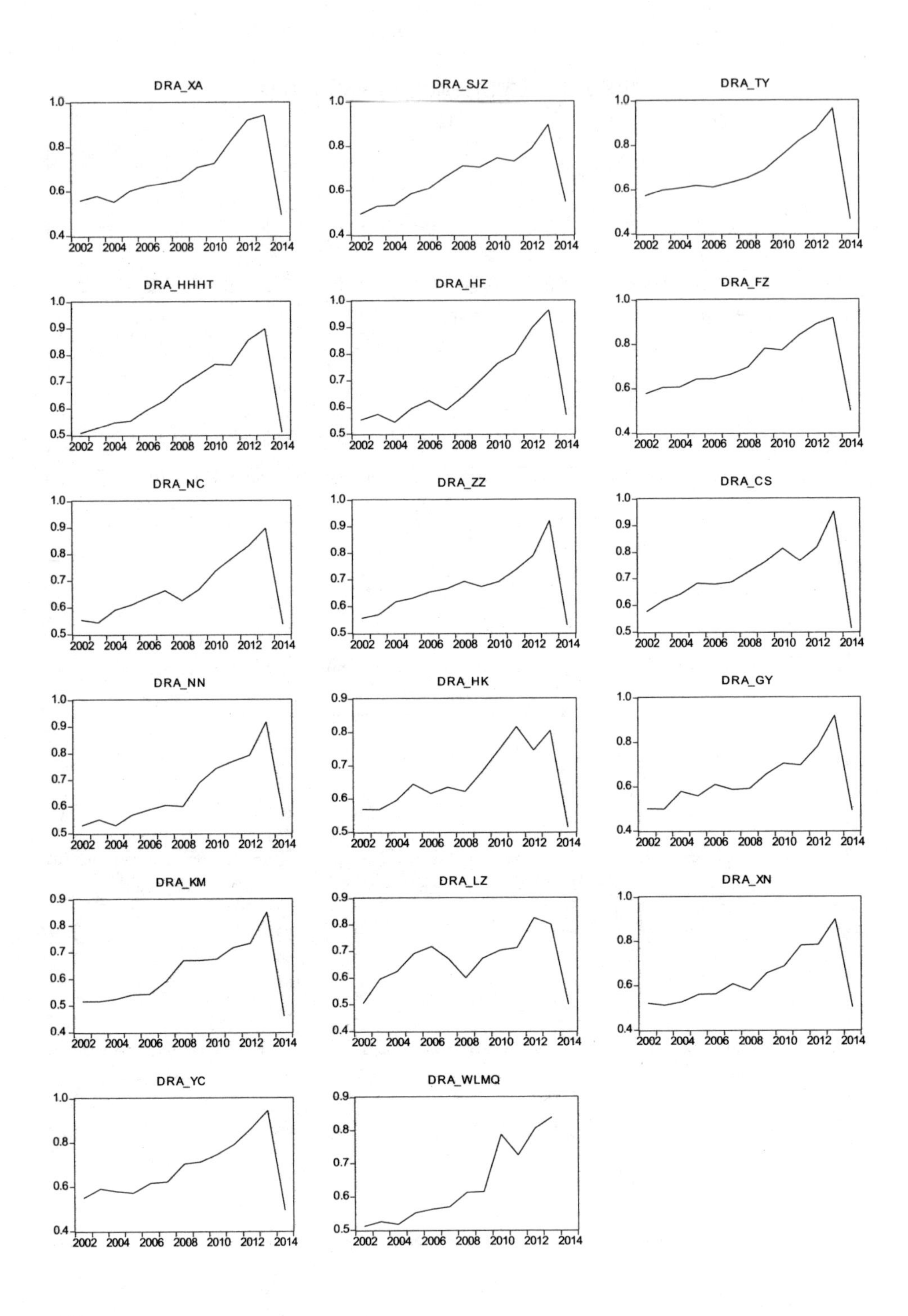
DRA_XA
1.0 0.8 0.6 0.4
2002 2004 2006 2008 2010 2012 2014
DRA_SJZ
1.0 0.8 0.6 0.4
2002 2004 2006 2008 2010 2012 2014
DRA_TY
1.0 0.8 0.6 0.4
2002 2004 2006 2008 2010 2012 2014
DRA_HHHT
1.0 0.9 0.8 0.7 0.6 0.5
2002 2004 2006 2008 2010 2012 2014
DRA_HF
1.0 0.9 0.8 0.7 0.6 0.5
2002 2004 2006 2008 2010 2012 2014
DRA_FZ
1.0 0.8 0.6 0.4
2002 2004 2006 2008 2010 2012 2014
DRA_NC
1.0 0.9 0.8 0.7 0.6 0.5
2002 2004 2006 2008 2010 2012 2014
DRA_ZZ
1.0 0.9 0.8 0.7 0.6 0.5
2002 2004 2006 2008 2010 2012 2014
DRA_CS
1.0 0.9 0.8 0.7 0.6 0.5
2002 2004 2006 2008 2010 2012 2014
DRA_NN
1.0 0.9 0.8 0.7 0.6 0.5
2002 2004 2006 2008 2010 2012 2014
DRA_HK
0.9 0.8 0.7 0.6 0.5
2002 2004 2006 2008 2010 2012 2014
DRA_GY
1.0 0.8 0.6 0.4
2002 2004 2006 2008 2010 2012 2014
DRA_KM
0.9 0.8 0.7 0.6 0.5 0.4
2002 2004 2006 2008 2010 2012 2014
DRA_LZ
0.9 0.8 0.7 0.6 0.5 0.4
2002 2004 2006 2008 2010 2012 2014
DRA_XN
1.0 0.8 0.6 0.4
2002 2004 2006 2008 2010 2012 2014
DRA_YC
1.0 0.8 0.6 0.4
2002 2004 2006 2008 2010 2012 2014
DRA_WLMQ
0.9 0.8 0.7 0.6 0.5
2002 2004 2006 2008 2010 2012 2014

附录 3　变量时序图
（第 4 章地质灾害防治投资用）

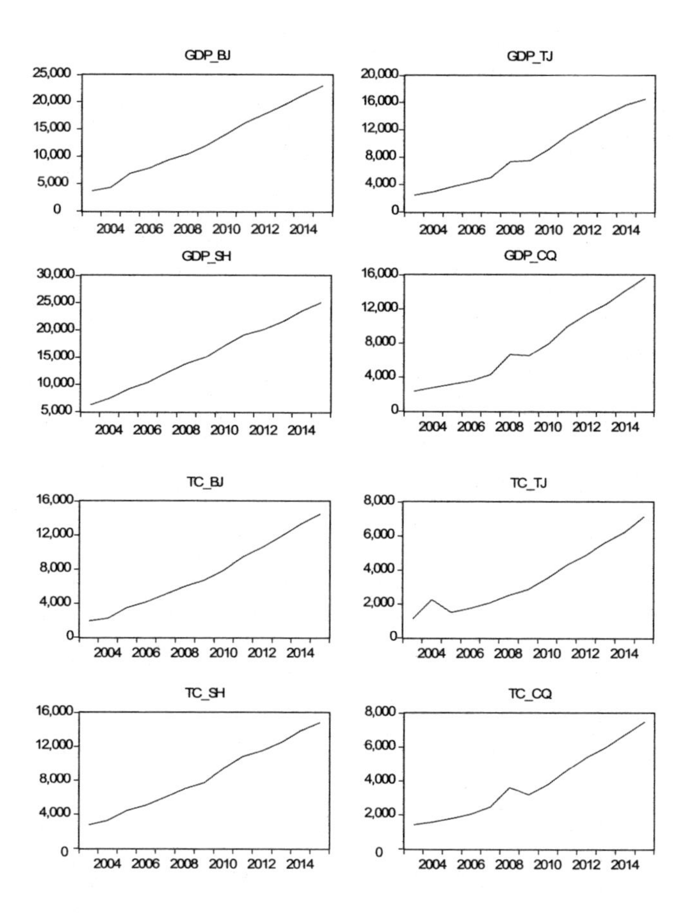

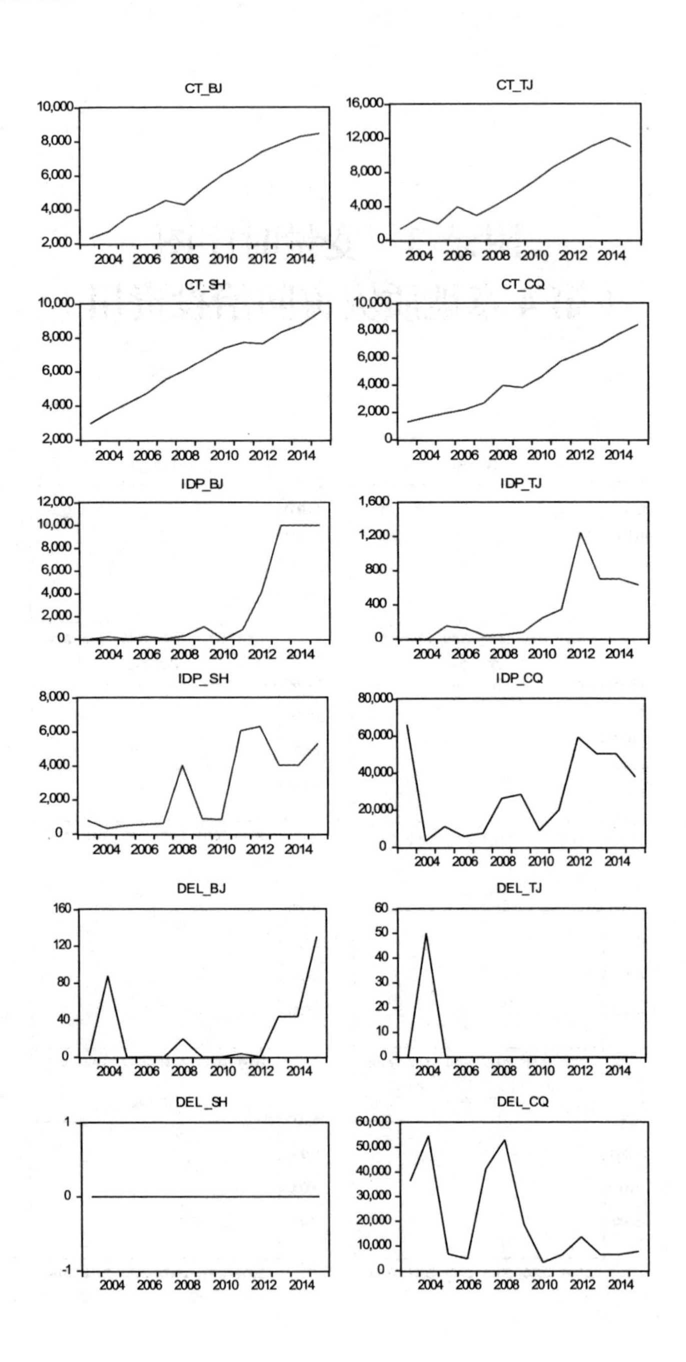
CT_BJ
CT_TJ
CT_SH
CT_CQ
IDP_BJ
IDP_TJ
IDP_SH
IDP_CQ
DEL_BJ
DEL_TJ
DEL_SH
DEL_CQ

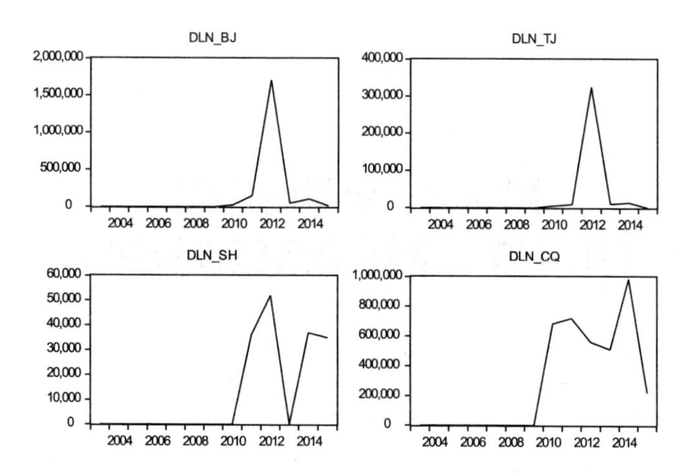
DLN_BJ
2,000,000
1,500,000
1,000,000
500,000
0
2004 2006 2008 2010 2012 2014
DLN_TJ
400,000
300,000
200,000
100,000
0
2004 2006 2008 2010 2012 2014
DLN_SH
60,000
50,000
40,000
30,000
20,000
10,000
0
2004 2006 2008 2010 2012 2014
DLN_CQ
1,000,000
800,000
600,000
400,000
200,000
0
2004 2006 2008 2010 2012 2014

附录4　变量时序图（第4章工业污染治理投资用）

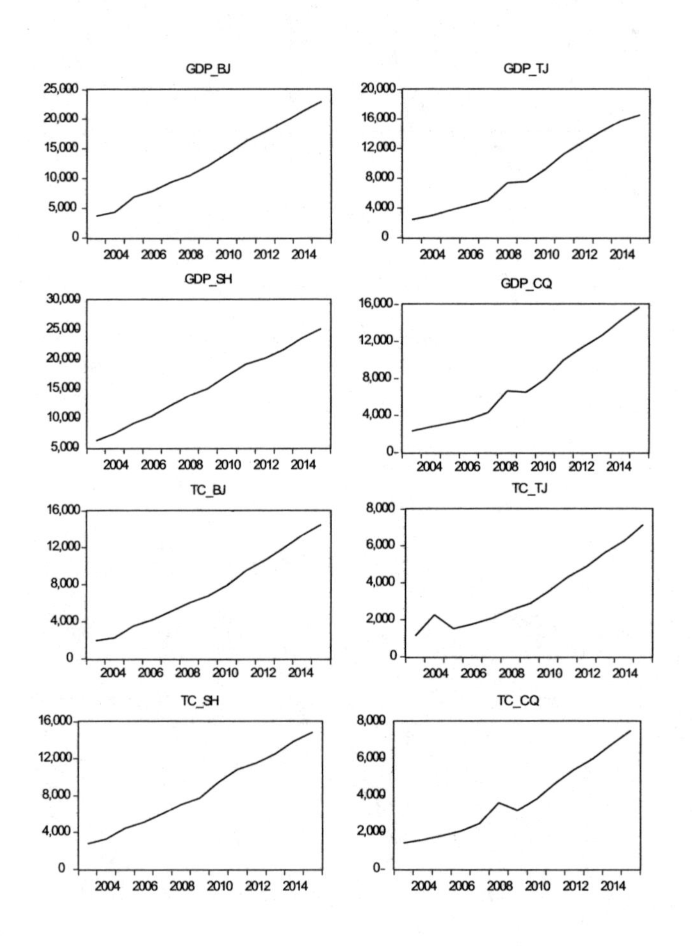

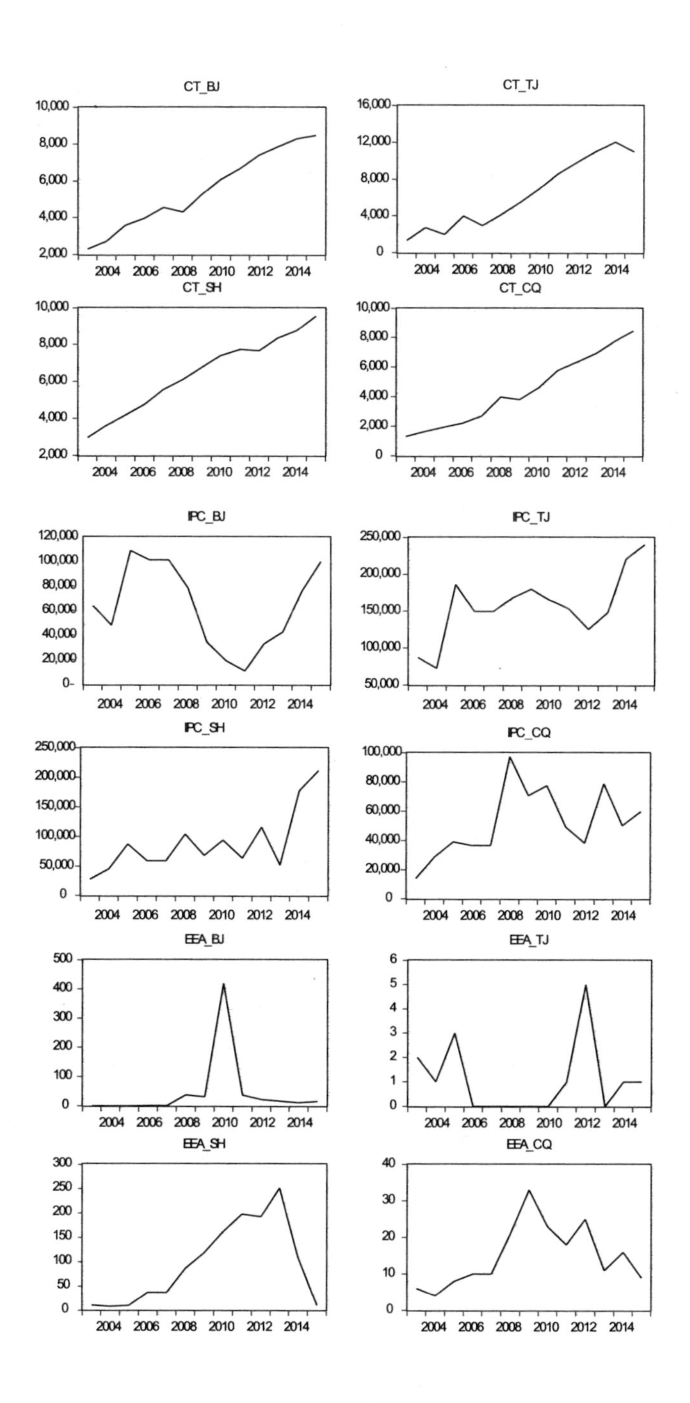
CT_BJ
CT_TJ
CT_SH
CT_CQ
IPC_BJ
IPC_TJ
IPC_SH
IPC_CQ
EEA_BJ
EEA_TJ
EEA_SH
EEA_CQ

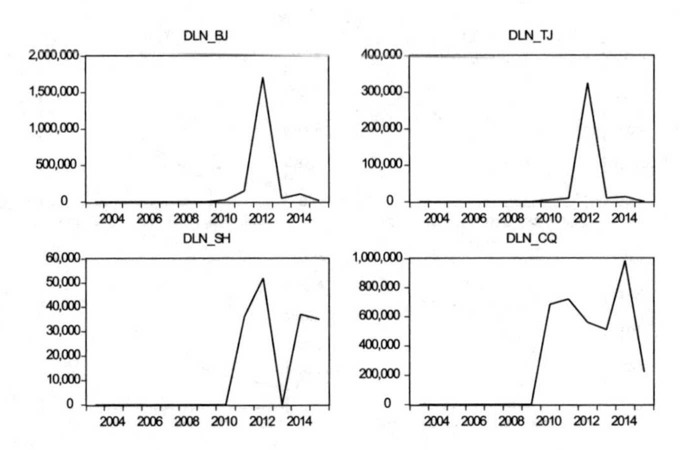

DLN_BJ
2,000,000
1,500,000
1,000,000
500,000
0
2004 2006 2008 2010 2012 2014
DLN_TJ
400,000
300,000
200,000
100,000
0
2004 2006 2008 2010 2012 2014
DLN_SH
60,000
50,000
40,000
30,000
20,000
10,000
0
2004 2006 2008 2010 2012 2014
DLN_CQ
1,000,000
800,000
600,000
400,000
200,000
0
2004 2006 2008 2010 2012 2014

攻读中国人民大学博士学位期间的科研成果

一、发表论文

1. 国外棕地研究进展 . 地域研究与开发，2015，第 32 卷第 2 期（第一作者・CSSCI・中文核心）.

2. 城市知识溢出能力模型与测度 . 爱知论丛，2016，第 100 号（独立作者）.

3. 浅论地域科学中的研究范式 . 爱知论丛，2016，第 101 号（第一作者）.

4.F2F 形式的全球蜂鸣功能研究——以国际贸易展销会为例 . 情报科学，2016，第 34 卷增刊（第一作者・CSSCI・中文核心）.

5. 关于中国城市人口规模有效性的实证分析 .ICCS 现代中国学集刊，2016，第 9 卷第 2 期（第一作者）.

6. 基于卡马格尼模型的有效城市规模研究——以中国 81 个城市为样本的实证分析 . 人文地理，2017，第 32 卷第 5 期（第一作者・CSSCI・中文核心）.

7. 日本国土综合开发规划的历程、特征与启示 . 城市与环境研究，2017，第 4 期（第二作者）.

8. 我国要援助者信息收集、保存与共享的可行性探析——基于区域防减灾信息管理的视角 . 灾害学,2018，第 33 卷第 2 期（独立作者・CSCD・统计源期刊）.

9.“互联网 + 过桥金融”服务中小微企业融资的标准化机制研究——以场景金融为视角 . 上海金融，2018，第 5 或 6 期（待刊 · 第一作者 · CSSCI · 中文核心 · 统计源期刊）.

二、会议论文

中国物联网产业政策研究综述 . 论文集《产业政策：总结、反思与展望》，北京大学出版社，2018（第一作者）.

三、参编书籍

《城市发展前沿问题研究》，2018 年。

四、主持与参与课题

1. 日本爱知大学现代中国学研究中心青年学者研究资助项目——中国城市人口规模的有效性研究：以北京市为例（主持 · 结项）.

2. 海南湾岭热带农产品综合物流园产业规划（参与 · 结项）.

3.“互联网 + 过桥金融”行业标准化体系建设研究（联合主持 · 结项）.

4. 海南省人口与经济协调发展研究（参与 · 结项）.

5. 中国龙邦—越南茶岭跨境经济合作区总体规划提升与实施计划（参与 · 结项）.

参考文献

[1] 岡部真人，岡安徹也．防災投資による経済発展効果の評価モデルの構築と開発途上国への適用［J］. JICE report：Report of Japan Institute of Construction Engineering，2015，第 27 号：51-57.

[2] 横松宗太．災害とインフラストラクチャ、経済成長、格差［R］. 土木学会論文集（土木計画学），2017：1-17.

[3] 荒井信幸．大災害の経済的影響と減災策［J］. 和歌山大学防災研究教育センター紀要，2016（2）：5-10.

[4] 今井実．都市防災［M］. 東京：ぎょうせい，1983.

[5] 日本東京都．北区防災緑化計画基礎調査報告書［R］. 日本東京都都市計画局，1984.

[6] 日本東京都．《首都直下地震等による東京の被害想定》概要版［N］.NHK 新聞,2006-06-01（01）. 三船康道 . まちづくりキーワード事典［M］. 東京：学芸出版社，2009.

[7] 日本東京都．防災都市づくり推進計画:「燃えない」、「壊れない」震災に強い都市の実現を目指して［R］. 日本東京都都市計画局，2010.

[8] 望月利男．大都市の災害低減に向けての研究の歩みと展望［J］. 総合都市研究，1993，第 50 号：49-77.

［9］篠原靖．歴史的に見た・道の駅・とその機能の変遷：観光・産業・福祉・医療・防災、小さな経済循環が生まれる地域の核［C］. 日本観光研究学会全国大会学術論文集，2015：229-232.

［10］小沢詠美子．都市防災と経済：災害都市江戸をめぐって［J］. 経済学・経営学学習のために，2002，後期号：37-44.

［11］永松伸吾．途上国における自然災害の事前予防ならびに復興に対する経済的支援のあり方［R］. 委託調査報告書，2002.

［12］中野剛志．防災と経済を分けてはならない［J］. 道路建設，2014（3）：11-14.

［13］佐々木茂喜．東日本大震災 5 年後の検証［R］. 北翔大学北方圏学術情報センター年報，2017.

［14］AGHION P, HOWITT P, PENALOSA C G. Endogenous growth theory［M］. MIT Press, 1998.

［15］ALBALA BERTR, J M. Political economy of large natural disasters: with special reference to developing countries［J］. Oup Catalogue, 1993（3）: 211-239.

［16］ALEXANDER, DAVID. The study of natural disasters, 1977-1997: Some reflections on a changing field of knowledge［J］. Disasters, 1997, 21（4）: 283-303.

［17］ANDREONI J, LEVINSON A. The simple analvtics of the environmental kuznets curve［J］. Journal of Public Economics,1998, 80（2）: 269-286.

［18］BALATSKY E, EKIMOVA N. Fiscal policy and economic growth［M］. Factors for Economic Growth in Bulgaria, 2013.

［19］BENSON C, CLAY E. Developing countries and the economic impacts of natural disasters［J］. Managing Disaster Risk in Emerging, 2000（5）: 102-135.

[20] BROCK W A, TAYLOR M S. The green solow model [J] . Journal of Economic Growth, 2010, 15 (2): 127-153.

[21] BURTON K, KATES R W, WHITE G F. The environment as hazard [M] . New York: Guilford Press, 1993.

[22] BURTON K, KATES R W, WHITE G F. The environment as hazard [J] . Contemporary Sociology, 1978, 8 (3): 86-119.

[23] CAVALLO E A, NOY I. The economics of natural disasters: a survey [J] . Research Department Publications, 2009, 472009 (19): 3530-3542.

[24] CLARK C. The conditions of economic progress [M] . London: Macmillan, 1951.

[25] CLARK C. The conditions of economic progress [M] . New York: St. Martin' s Press, 1958.

[26] CLARK P B, WILSON J Q. Incentive systems: a theory of organizations [J] . Administrative Science Quarterly, 1961 (2): 129-166.

[27] DEACON R T. Deforestation and the rule of law in a cross-section of countries [J] . Land Economics, 1994, 70 (4): 414-430.

[28] DRABEK T E, MC ENTIRE D A. Emergent phenomena and the sociology of disaster: lessons, trends and opportunities from the research literature [J] . Disaster Prevention and Management, 2003, 12 (2): 97-112.

[29] DYNAN K. how predent are consimers [J] . Journal of Political Economic, 1993 (101): 1104-1113.

[30] EASTERLY W, Rebelo S. Fiscal policy and economic growth [J] . Journal of Monetary Economics, 1993 (32): 417-458.

[31] HALLEGATTE S, DUMAS P. Can natural disasters have positive consequences?

Investigating the role of embodied technical change [J] . Ecological Economics, 2009, 68 (3): 777–786.

[32] HOSSEINI K A, HOSSEINI M, IZADKHAH O, et al. Main challenges on communitybased approaches in earthquake risk reduction: case study of Tehran, Iran [J] . International Journal of Disaster Risk Reduction, 2014, 8:114–124.

[33] HOWARD KUNREUTHER E M.Policy watch: challenge for terrorism risk insurance in the united states[J]. Journal of Economic Perspectives, 2004, 18(4) : 201–213.

[34] Institute for Business and Home Safety. Homes and Hurricanes: Public Opinion Concerning Various Issues Relating to Home Builders,Building Codes and Damage Mitigation [R] . Boston: Insurance Institute for Property Loss Reduction,1995.

[35] KARKEE K. Effects of deforestation on tree diversity and livelihoods of local community: a case study from nepal [J] . Radiotherapy & Oncology, 2007, 103 (S2): 67–68.

[36] KATES R W, et al. Sustainability science [J] . Science, 2001 (292): 641–642.

[37] KUNREUTHER H, KLEFFNER A E. Should earthquake mitigation measures be voluntary or required? [J] . Journal of Regulatory Economics, 1992, 4 (4): 321–333.

[38] LEITER A M, OBERHOFER H, RASCHKY P A. Creative disasters? Flooding effects on capital, labour and productivity within european firms [J]. Environmental and Resource Economics,2009, 43 (3): 333–350.

[39] LOUISE K C. Cities at risk: hurricane katrina and the drowning of new orleas [J] . Urban Affairs Review, 2006, 41 (4): 501–516.

[40] MC GEE T K. Public engagement in neighbourhood level wildfire mitigation and preparedness: Case studies from Canada, the US and Australia [J] . Journal Of Environmental Management, 2011, 92 (10): 2524-2532.

[41] MILETI D S. Disasters by design: a reassessment of natural hazards in the US [J] . Ameacas, 1999, 8 (10): 699.

[42] MILETI D S, NOJI E. Disasters by design: a reassessment of natural hazards in the United States [M] . Washington D C: Joseph Henry Press, 1999.

[43] NEWPORT J K, JAWAHAR G P. Community participation and public awareness in disaster mitigation [J] . Disaster prevention and management, 2003, 12 (1) : 33-36.

[44] OKUYAMA Y. Economics of natural disasters: a critical review [J] . Research Paper, 2003 (2): 71-88.

[45] PALM R I. Natural hazards: An integrative framework for research and planning [M] . London: Johns Hopkins University Press, 1990.

[46] PANAYOTOU T. Demystifying the environmental kuznets curve: turning a black box into a policy tool [J] . Environment and Development Economics, 1997, 2 (4): 465-484.

[47] PEARCE L. Disaster management and community planning, arid public participation: how to achieve sustainable hazard mitigation [J] . Natural Hazards, 2003, 28 (2): 211-228.

[48] PINKAEW T, GLASS A. Community-based: disaster risk reduction program in Cambodia [J] . Oxfam Policy & Practice Agriculture, 2007, 7 (44): 92-135.

[49] RASMUSSEN T. Macroeconomic implications of natural disasters in the Caribbean [J] . Social Science Electronic Publishing, 2004 (4): 224.

[50] SHARMA A, GUPTA M, GUPTA K. Corporate social responsibility and disaster reduction: an indian overview [J] . Disaster Prevention & Management, 2002 (5) : 150–182.

[51] SKIDMORE M. Risk, natural disasters, and household savings in a life cycle model [J] . Japan & the World Economy, 2001, 13 (1): 15–34.

[52] SKIDMORE M, TOYA H. Do natural disasters promote long-run growth? [J] . Economic Inquiry, 2002, 40 (4): 664–687.

[53] STROBL E. The economic growth impact of hurricanes: evidence from US coastal counties [J] . Social Science Electronic Publishing, 2008, 93 (2): 575–589.

[54] The United Nations International Strategy for Disaster Reduction (UNISDR) . Living with Risk: a Global Review of Disaster Reduction Initiatives [M] . Geneva: UN Publications, 2004.

[55] The United Nations International Strategy for Disaster Reduction (UNISDR) . Terminology on Disaster Risk Reduction [R] . New York, 2009.

[56] TONG T M T. Community-based disaster risk reduction in Vietnam [J] . Public Policy & Environmental Management, 2012 (10): 233–254.

[57] WISNER B. Risk and the neoliberal state: why post-mitch lessons didn’t reduce El Salvador’s earthquake losses [J] . Disasters, 2001, 25 (3): 251–68.

[58] 阿尔·戈尔. 濒临失衡的地球——生态与人类精神 [M] . 北京：中央编译出版社，1997.

[59] 曹勇. 论通讯业发展对国家经济增长的影响 [J] . 财经界（学术版），2010（14）：31–32.

[60] 陈彪，张锦高，吕军，等. 地方政府对地质灾害防治投资的经济学分析

［J］. 中国软科学，2008，213（9）：20-26.

［61］陈鸿，戴慎志. 城市综合防灾规划编制体系与管理体制的新探索［J］. 现代城市研究，2013，28（7）：116-120.

［62］陈文红. 城市基础设施防灾能力评价体系及其应用研究［D］. 北京：首都经济贸易大学，2016.

［63］陈耀邦. 可持续发展战略读本［M］. 北京：中国计划出版社，1996.

［64］崔秀敏. 改进的灰色关联模型在工程评标中的应用研究［J］. 浙江建筑，2013（3）：59-61.

［65］戴红昆. 环境污染治理投资效率的综合评价研究［D］. 保定：河北大学，2014.

［66］丹尼斯·梅多斯. 增长的极限［M］. 北京：商务印书馆，1984.

［67］邓楠. 可持续发展：人类关怀未来（论文集）［M］. 哈尔滨：黑龙江教育出版社，1998.

［68］董艳艳，宿星，王国亚. 山区城市地质灾害与经济发展的关系研究——以兰州市为例［J］. 冰川冻土，2015，37（6）：1697-1707.

［69］杜晓华. 日本防灾信息共享的启示［J］. 杭州（生活品质版），2014（11）：26-27.

［70］段华明. 城市演进与城市灾害［J］. 城市观察，2010（2）：158-173.

［71］高中华，孙新. 我国城市灾害史研究概述［J］. 中国城市经济，2009（S1）：35-36.

［72］韩国元. 公共危机管理中的公众参与［J］. 今日科苑，2007（20）：225-226.

［73］韩笑，张会民，李凤燕. 我国地质灾害防治投入效果评价［J］. 中国地质灾害与防治学报，2016，27（4）：113-119.

[74] 韩雪婉. 城市社区减灾中的公众参与研究 [D] . 兰州：兰州大学，2016.

[75] 何爱平，赵仁杰，张志敏. 灾害的社会经济影响及其应对机制研究进展 [J] . 经济学动态，2014（11）：130-141.

[76] 湖南省发改委，湖南省民政厅. 湖南省综合防灾减灾规划（2016-2020 年）[EB/OL] .（2017-04-17）http://www.hunan.gov.cn/2015xxgk/szfzcbm/tjbm_6985/ghjh/201704/t20170417_4138230.html.

[77] 纪晓岚. 论城市本质 [M] . 北京：中国社会科学出版社，2002.

[78] 蒋克训，孙士宏. 从减灾角度谈新的经济增长方式 [J] . 中国软科学，1996，63（3）：87-91.

[79] 金磊. 城市灾害学原理 [M] . 北京：气象出版社，1997.

[80] 康鲁浩. 我国交通运输与经济发展互动关系研究 [J] . 现代经济,2014（5）：16-17.

[81] 李吉顺. 什么是城市灾害 [J] . 中国减灾，2001，11（4）：56-57.

[82] 李克国. 试论生态环境补偿机制 [J] . 中国环境管理干部学院学报，2004，14（4）：27-29.

[83] 李梦白. 市政公用设施：上佳的投资领域 [J] . 经济与信息，1999（5）：56.

[84] 李威仪. 日本都市防救灾系统之规划 [C] // 基隆市共同管道系统整备规划案——防灾道路研讨会论文集，2010.

[85] 李雪铭，常静，刘敬华等. 城市绿地系统对经济发展提升作用的机制——基于大连市实证研究 [J] . 干旱区资源与环境，2002，16（3）：17-23.

[86] 李永祥. 论防灾减灾的概念、理论化和应用展望 [J] . 思想战线,2015（4）：16-22.

[87] 李哲，吉富志津代，前迫孝宪，等. 印尼防灾信息空间与防灾教育现状考

察实录［J］. 中国信息技术教育，2013，（11）：105-108.

［88］联合国国际减灾战略（UNISDR）. 从不同的角度看待灾害：每一种影响背后，都有原因［EB/OL］.www.unisdr.org/we/inform/publications，2011.

［89］刘鹏，董廷旭，邓小菲. 绵阳城市绿地规模与经济发展水平关系分析［J］. 安徽农业科学，2007（24）：7535-7536.

［90］刘伟 . 经济新常态与经济发展新策略［J］. 中国特色社会主义研究，2015（2）：5-13.

［91］刘易斯·芒福德. 城市发展史——起源、演变和前景［M］. 北京：中国建筑工业出版社，2005.

［92］罗岚，邓玲. 我国各省环境库兹列茨曲线地区分布研究［J］. 统计与决策，2012（10）：99-101.

［93］马正林. 中国城市历史地理［M］. 济南：山东教育出版社，1998.

［94］迈克尔·格兰特. 古代地中海［M］. 纽约：斯里克布纳出版社，1969.

［95］毛晖，汪莉，杨志倩 . 经济增长、污染排放与环境治理投资［J］. 中南财经政法大学学报，2013（5）：73-79.

［96］欧拉维·依罗. 防灾信息［J］. 生命与灾祸，1996（4）：18.

［97］乔尔·科特金. 全球城市史［M］. 北京：社会科学文献出版社，2006.

［98］裘海花. 自然灾害的现代经济学研究［J］. 今日科技，2006（7）：29-31.

［99］曲晓飞，姜运政. 新世纪大连引进国外智力的若干思考［J］. 大连经济研究，2001（4）：4-6.

［100］申卯兴，薛西锋，张小水. 灰色关联分析中分辨系数的选取［J］. 空军工程大学学报（自然科学版），2003，4（1）：68-70.

［101］苏敬勤. 后发城市生态经济系统协调发展的突破口［J］. 软科学，2001，15（1）：68-70.

[102] 孙冬煜，王震声，何旭东，等. 自然资本与环境投资的涵义［J］. 环境保护，1999（5）：38-40.
[103] 孙刚. 污染、环境保护和可持续发展［J］. 世界经济文汇，2004（5）：47-58.
[104] 孙荣庆. 我国环境污染治理投资发展趋势［J］. 中国投资与建设，1999（3）：21-24.
[105] 谭天. 中国地震带分布图中国地震带上的城市有哪些［EB/OL］.（2015-04-27）.http：//city.shenchuang.com/city/20150427/175543.shtml.
[106] 唐彦东. 灾害经济学［M］. 北京：清华大学出版社，2011.
[107] 王健民. 轮持续工业发展［M］. 北京：中国科学技术出版社，1993.
[108] 王俊帝，刘志强. 城市经济发展对绿地建设水平影响的时空差异分析［J］. 湖北农业科学，2016，55（16）：4317-4321.
[109] 王茹. 城市灾害的属性与研究方法［C］. 城市科学论集 .2004.
[110] 王思华. 可持续发展经济学［M］. 武汉：湖北人民出版社，1997.
[111] 王薇. 城市防灾空间规划研究及实践［D］. 长沙：中南大学，2007.
[112] 王薇. 廖仕超，徐志胜 . 城市综合防灾应急能力可拓评价模型构建及应用［J］. 安全与环境学报，2009，9（6）：167-172.
[113] 王晓灵，于庆东，陈婷. 防灾减灾对经济的间接影响及其量化分析［J］. 灾害学，2002，17（3）：5-8.
[114] 王肇磊，王洪军. 近代湖北城市灾害类型及成因［J］. 城市与减灾，2012（5）：5-8.
[115] 王珍宝. 当前我国城市社区参与研究述评［J］. 社会，2003（9）：48-53.
[116] 汪霞. 西南省区农业旱灾脆弱性综合评价：以 2010 年西南旱灾为例［J］. 贵州大学学报（社会科学版），2012，30（5）：26-30.

[117] 吴健生，郎琨，彭建，黄秀兰．城市防灾避险功能的空间差异性评价——以深圳市经济特区为例［J］．城市规划，2015，39（6）：37-42.

[118] 吴彤，倪绍祥．南京市城市绿地规模与经济发展水平关系分析［J］．南京师大学报（自然科学版），2005（2）：108-111.

[119] 邢大韦，张玉芳，粟晓玲．陕西关中城市防灾抗灾能力评估［J］．水资源与水工程学报，1997（3）：8-17.

[120] 杨修竹，钦培坚，马兴发，等．大城市防灾救灾组织与指挥体系矩阵模式的初探［J］．人类工效学，1996（3）：31-34.

[121] 杨兆升，范精明．交通运输与经济发展［J］．经济问题，1995（8）：42-43.

[122] 殷杰，尹占娥，许世远．上海市灾害综合风险定量评估研究［J］．地理科学，2009，29（3）：450-454.

[123] 于婧，冯莎，郭珊珊．武汉市道路建设与经济发展的相关关系研究［J］．科技、经济、市场，2010（12）：31.

[124] 俞可平．公民参与的几个理论问题［J］．青海人大，2007（1）：56-58.

[125] 张红梅．协同应对:公共危机管理中的公众参与［J］．长白学刊,2008（6）：68-71.

[126] 张梁，张业成，高兴和，等．地质灾害经济学［M］．石家庄：河北人民出版社，2002.

[127] 张卫国，马瑾，张立恒．西部工业经济增长与污染治理效益分析［J］．财经科学，2003（4）：87-89.

[128] 张增芳．运行与嬗变——城市经济运行规律新论［M］．南京：东南大学出版社，2000.

[129] 张振国，李雪丽．面向社区的参与式灾害风险评估模型研究［J］．灾害学，

2013（3）：142-146.

[130] 张钟汝，章友德，陆健，胡申生．城市社会学［M］. 上海：上海大学出版社，2001.

[131] 赵成根．国外大城市危机管理模式研究［M］. 北京：北京大学出版社，2006.

[132] 赵飞．浅议社区灾害应急救助预案的编制［J］. 中国减灾，2011（10）：32-34.

[133] 郑功成．灾害经济学［M］. 北京：商务印书馆，2010.

[134] 郑新业．辩证看污染治理与经济增长［N］. 北京日报，2015-01-16（5）.

[135] 中国政府．中国 21 世纪议程［M］. 北京：中国环境科学出版社，1994.

[136] 周彪，周军学，周晓猛，等．城市防灾减灾综合能力的定量分析［J］. 防灾科技学院学报，2010，12（1）：104-112.

[137] 周洪建，张卫星．社区灾害风险管理模式的对比研究——以中国综合减灾示范社区与国外社区为例［J］. 灾害学，2013（2）：120-126.

[138] 周云．医疗保障与社会经济发展互动关系研究［J］. 当代经济，2009（11）：30-32.

[139] 周肇光．提升长三角区域城市生态文明建设法制协调力——基于政府责任视角［J］. 管理学刊，2014（2）：35-39.

[140] 朱铁臻．城市发展研究［M］. 北京：中国统计出版社，1996.

[141] 卓志，段胜．防减灾支出、灾害控制与经济增长——经济学解析与中国实证［J］. 管理世界，2012（4）：1-8.

致 谢

撰写一篇博士毕业论文是一项艰巨的工程，例如我的博士毕业论文，其内容之丰富广泛涉及城市、经济、灾害、防灾等多个方面，这并非笔者一人所可以完全掌握的。本书的撰写工作得到了许多同仁直接或间接的支持，在此向他们表示衷心的感谢。

2015 年，笔者成为爱知大学中国研究科博士研究生，并赴日参加交流。那时，便确定了本书的写作思路。首先，要感谢我的博士研究生导师——中国人民大学区域与城市经济研究所侯景新教授，在研究思路、资料准备以及稿件修改等方面提出了诸多中肯建议。其次，由衷感谢高密来、宋利芳、孙久文、张可云、石敏俊、文余源、付晓东、姚永玲、张贵祥、苏雪串等各位老师，在开题答辩、预答辩和正式答辩等各阶段提出的众多可行性修改建议与意见。感谢日本爱知大学给予我前往名古屋交流学习的机会，让我亲身体验到了日本是一个高度城市化的国家、拥有先进防灾技术和理念的国家，以及在城市发展与灾害防范领域的强大实力，让我学到了很多知识，并获得了很多有益的体验和经历，为本书的撰写提供了重要启示。此外，向日本爱知大学中国研究科的高桥五郎老师，以及石巍、吕程平、郑丽霞、孙哲、张婷、阎浩等前辈与同学表示衷心的感谢，正是因为有他们的建议，才使得本书的内容变得更加丰富和切近实际。

另外，本书引用了100多篇论文与论著，这些前辈学者的研究成果为本书的撰写工作顺利完成做出了不容忽视的贡献，提供了很多帮助。因此，在书中以参考文献的形式对所有引用过的文献和研究成果进行一一罗列，以表对前辈学者们的敬意。最后，感谢就读于西藏大学经济与管理学院的堂妹肖叶甜，与毕业于清华大学的妹妹肖霞的大力支持，感谢她们在资料收集整理、格式排版和内容修改，以及文档打印等方面提供的众多帮助。

肖　龙

2018年5月于北京